# 桃CBF和ICE转录因子基因克隆与功能分析

宋艳波　编著

U0287008

中国农业科学技术出版社

## 图书在版编目（CIP）数据

桃 CBF 和 ICE 转录因子基因克隆与功能分析／宋艳波
编著．—北京：中国农业科学技术出版社，2014.5
ISBN 978-7-5116-1612-8

Ⅰ.①桃…　Ⅱ.①宋…　Ⅲ.①桃-基因克隆-研究
Ⅳ.①S662.103

中国版本图书馆 CIP 数据核字（2014）第 075899 号

责任编辑　张孝安
责任校对　贾晓红

出 版 者　中国农业科学技术出版社
　　　　　北京市中关村南大街 12 号　邮编：100081
电　　话　(010)82109708(编辑室)　(010)82109702(发行部)
　　　　　(010)82109709(读者服务部)
传　　真　(010)82106650
网　　址　http://www.castp.cn
经 销 者　各地新华书店
印 刷 者　北京富泰印刷有限责任公司
开　　本　850mm×1 168mm　1/32
印　　张　6.75
字　　数　170 千字
版　　次　2014 年 5 月第 1 版　2014 年 5 月第 1 次印刷
定　　价　30.00 元

# 内容摘要

桃作为五果之首，在果业发展中的地位一直处于稳中有升的势态。然而，近年来的极端气候导致桃树的冷害和冻害发生频率及程度都在不断增加。本研究以生产中不同桃品种为试材，从中分离出植物对低温逆境响应的主要信号转导路径中的两个关键转录因子基因 CBF 和 ICE，并对它们进行相应的信息与功能分析研究，希望为桃抗寒机理及抗寒能力改良的研究提供分子层面的信息与基础。主要研究结果如下。

1. 以梨树 CBF 基因（AEG64738）的氨基酸序列为信息探针，基于 GenBank 数据库中桃树的 EST 数据及与其高度同源的 EST 序列进行体外拼接，设计 CBF 特异引物，以毛桃的 DNA 和 cDNA 为模板，获得该基因的 DNA 和 cDNA 全长序列均为 894bp，不含内含子，包含 121bp 的 5'端非编码序列，83bp 的 3'端非编码序列，以及 690bp 的开放阅读框，编码 229 个氨基酸。含有 CBF 家族的 AP2/EREBP 功能域，把该基因命名为 PpCBF（Genebank：KC885952）。

2. 以葡萄 ICE 基因（XP_ 002264407）的氨基酸序列为信息探针，采用上述同样方法设计 ICE 特异引物，以毛桃的 DNA 和 cDNA 为模板，获得该基因 DNA 全长序列为 1585bp，cDNA

全长序列 1160bp，含有 3 个内含子，包含 41bp 的 5'端非编码序列，36bp 的 3'端非编码序列，以及 108bp 的开放阅读框，编码 360 个氨基酸。含有 ICE 家族的 bHLH 功能域，把该基因命名为 PpICE（Genebank：KC885953）。

3. 从 Jinqiu（金秋）和 Dajiubao（大久保）等 16 个不同桃品种中获得 CBF 基因的核苷酸序列，其全长均为 894bp，均编码 229 个氨基酸，品种间相似性达 97.8% ~ 99.6%，说明 PpCBF 基因在品种间高度保守。同源性分析显示，该基因的氨基酸序列与苹果和沙梨同源性最高，分别为 84% 和 81.3%，它们间的亲缘关系也最近；与橡胶树的氨基酸序列同源性只有 66.1%。说明 AP2 超家族基因编码的氨基酸序列在进化过程中可能存在种属差异性。

4. 从 Jinqiu（金秋）和 Dajiubao（大久保）等 16 个不同桃品种中获得 ICE 基因的核苷酸序列，其序列长度在品种间差异较大，多数品种的 ICE 基因编码氨基酸数目均为 360 个，而品种 Dajiiubao，B6832，Zaolu 和 Jinqiu ICE 基因内部由于发生碱基突变，导致翻译提前终止，分别只编码 185，266，184 和 266 个氨基酸残基。品种间氨基酸相似性介于 91.9% ~ 99.4%。同源性分析显示，桃 PpICE 氨基酸序列与大豆和蒺藜苜蓿的亲缘关系最近，同源性分别为 74.4% 和 72.9%；与水稻的亲缘关系最远，氨基酸序列同源性只有 41.8%。说明 bHLH 转录因子基因编码的氨基酸序列在进化过程中存在种属差异。

5. 分别构建了蛋白表达载体 pPC86. CBF 和含"CCGAC"核心序列的诱饵载体 pRS315His. S011，再通过酵母单杂交方法共同转化酵母 yWAM2 菌株，在三缺培养基上菌株生长良好，说明桃 CBF 转录因子能够识别并与 COR 基因启动子区域的 CRT/DRE 顺式作用元件特异的结合，诱导 COR 基因的表达。

6. 构建了过表达载体 P3301. PpCBF 和 UN. PpICE，采用农杆菌介导法将它们转入烟草，通过对转 CBF 基因烟草进行 PCR 检测，结果表明，在所得 11 株植株中，有 9 株是转基因阳性植株，阳性转化率为 81.8%。目前，ICE 在烟草中转化也已进行到芽诱导阶段。

7. 对阳性转 CBF 基因烟草幼苗进行低温、干旱和盐胁迫处理，并对其相关理化指标和表型变化进行测定和观察。结果显示：转基因植株对干旱和低温的抵抗能力无论从测定的理化指标还是表型上都明显比对照植株强；对盐胁迫的抵抗能力从表型上没有差异，但理化指标也略强于对照。

**关键词：**桃；PpCBF；PpICE；基因克隆；烟草转化；酵母单杂；生物信息学分析；低温；干旱

# Abstract

As one of the most important fruits in the north of China, the cultivated area and yield of peach keep a steady growth. However, recently it is common to see that chilling injury and freezing injury of peach are caused frequency and severity by the extreme weathers. This paper in order to provide molecular information for the researches of studying the mechanism and enhancing of the cold resistance in peach, the CBF and ICE genes were isolated from some main peach cultivars, which are reported as the key transcription factors of the transduction path that response to low temperature. Then some of their appropriate information and functions were analyzed. The main findings are as follows:

1. CBF gene (AEG64738) from pear was used as the information probe of amino acid sequence, based on the in vitro splicing of the peach EST data in the GenBank database and its highly homologous EST sequences, CBF -specific primers were designed. Then by using the DNA and cDNA of downy peach as the templates, the genomic DNA and cDNA full-length sequence of this gene were obtained, without introns, both length are 894 bp which encodes 229 a-

mino acids. The 894 bp is including 121 bp of 5' non- coding sequence, 83 bp of 3' non-coding sequence and 690 bp of the open reading frame. This gene contains the AP2 / EREBP functional domains of the CBF family and it was named as PpCBF ( Genebank: KC885952).

2. Using the amino acid sequence of the ICE gene ( XP _ 002264407 ) in grape as information probe, in the same way as above to design ICE specific primer, the DNA and cDNA of downy peach were used as templates, as a result we know that the full-length sequence of the genomic DNA is 1585 bp, and of the cDNA is 1160 bp which containing 3 introns, 41bp of 5' non-coding sequences, 36bp of 3' non-coding sequences, and 1083 bp of open reading frame, encoding 360 amino acids. Containing the bHLH functional domain of ICE family, and named the gene as PpICE ( Genebank: KC885953).

3. The whole length of the CBF gene nucleotide sequence was obtained from the 'Jinqiu', 'Dajiubao' and other 14 peach cultivars, 894bp in length, encoding 229 amino acids. The sequence similarity in these varieties varies from 97.8% to 99.6 %. It shows that PpCBF gene is highly conserved in these varieties. The homology analysis shows that the homology of its amino acid sequence with apple and pear are up to 84% and 81.3% , which means it has the closest genetic relation to them; while with rubber tree is only 66.1%. These results indicate that in the evolutionary process, the amino acid sequence encoded by the AP2 superfamily gene may be different from species to species.

4. The ICE gene nucleotide sequence was obtained from the 'Jinqiu', 'Dajiubao' and other 14 peach varieties, however the sequence length are obviously different between varieties. The ICE gene encodes 360 amino acids in most varieties. But in 'Dajiubao', 'B6832', 'Zaolu' and 'Jinqiu, because the internal base mutation occurs in ICE gene which leading to the translator's early-termination, there only 185, 266, 184 and 266 amino acid residues are encoded respectively. Genetic similarity of varieties' amino acid ranged from 91.9% to 99.4%. Homology analysis shows the genetic relation of PpICE amino acid sequence of peach with the soybean and *Medicago truncatula* are closest, homology are 74.4% and 72.9%; the farthest genetic relation is with rice, only 41.8%. It shows that in the evolutionary process, the amino acid sequence encoded by the bHLH transcription factor may be different from species to species.

5. Respectively constructed protein expression vector pPC86. CBF and the bait vector pRS315His. S011 containing "CCGAC" core sequence, and transformed yeast yWAM2 strains by yeast one-hybrid method. The strains grew well in the three-missing medium, indicating that the CBF transcription factor of peach can identify and combine specific with the CRT / DRE cis-acting element in the promoter region of COR gene, then induced the expression of COR gene.

6. The over-expressed vectors, P3301. PpCBF and UN. PpICE were constructed, and transplanted into tobacco by Agrobacterium-mediated method. The PCR detection results show that the 9 of 11 plants are transgenic plants, the positive conversion rate is 81.8%. ICE transferred in tobacco has also been in the bud induction phase.

7. The CBF positive transgenic tobacco seedlings were treated under the conditions of low temperature, drought and salt stress respectively, then the related physic-chemical parameters and phenotype changing were tested and investigated. The results show: the drought and cold resistances of transgenic plants are significantly better than the control plants from physic-chemical parameters and the appearance; the resistance to salt stress is no difference from the phenotype, but the physic-chemical parameters are slightly better than that of control.

**Key words:** Peach; PpCBF; PpICE; Cloning; Transformation of tobacco; Yeast one-hybrid; Bioinformatics analysis; Hypothermia; Drought

# 前　言

　　低温是限制果树自然地理分布和产量的重要环境因素之一。尤其近年来全球气候不稳定，低温灾害尤为突出，成为危害果树生产的一个主要自然灾害。因此，研究果树对低温的应答机制和耐寒机理，培育耐寒品种以提高其低温耐受力，扩大地域分布，成为果树发展中亟待解决的难题。

　　CBF 和 ICE 两个转录因子是植物对低温逆境响应的主要信号转导路径中的关键调控因子，它们可以调控许多与冷诱导相关的功能基因的表达，如果增强它们的作用就会使植物的抗冷性得到大幅度的、综合的和根本性的改良。研究证明，CBF 转录激活因子不仅可以提高植物的耐寒性，CBF 超表达也能增强植物对干旱和高盐胁迫的耐性。这也似乎告诉我们关键的转录因子对提高植物综合抗性非常重要。基于此，我们选取了生产中主栽的多个桃品种，分离克隆了它们的 CBF 和 ICE 两个转录因子基因，采用生物信息学进行了相关分析和比较，发现了序列差异较大的品种，并将其作为后续的重要研究对象，寻找其抗性差异的分子基础。同时，我们还构建了蛋白表达载体，采用农杆菌介导法将它们转入烟草，获得转基因阳性植株。对转 CBF 的阳性烟草幼苗的抗逆性试验发现，其抗寒和抗旱能力明显提高。这为桃的抗寒性品种筛选提供了分子途径，也为桃的抗性育种提供了更丰富的基因资源，还为桃的抗寒性机制研究奠定了理论基础。

选育优良的抗性品种是提高植物抗性的根本途径，但传统的育种方法存在目标不明确、周期长和费用高等缺陷，近年来，随着现代生物技术的迅猛发展，转基因被认为是抗性改良研究最直接有效的方法，其研究目的性强、效率高，并且可以打破种间生殖隔离。这项技术已在多种作物上广泛采用，而在果树中的进展很缓慢，这与果树本身特性和研究基础弱有直接的关系。为了与存有共同发展果树产业为目标的同仁们互相勉励，特将我们的桃树耐冷基因克隆和转化等相关研究思路和内容编写成册，起到抛砖引玉的作用，也希望我们的果树生物技术研究能厚积薄发，更好更快的发展。

宋艳波

2014 年 5 月 12 日

# 目　　录

# 第一章

# 文献综述

## 第一节 植物抗逆性及研究意义

### 一、逆境与植物抗逆性

自然环境是千变万化的，植物作为其中的一个开放性体系，在与所处环境进行物质、能量和信息交换的同时，也必然受到这些环境的影响。而植物的固着性等特点也决定了其应对复杂多变的环境影响的应答机制的特别性。生物和非生物环境都会对植物的生长发育带来影响，前者包括动物、植物和微生物；后者主要指温、光、水、气和土壤等自然环境。我们把其中对植物生存和生长不利的各种环境因素统称逆境（stress），包括干旱、低温、盐胁迫和金属离子等非生物逆境以及病原等生物逆境。

逆境一方面会改变植株的生理生化、形态和代谢等活动，轻则会抑制某些植物的生长发育，重则使植株死亡；但另一方面，达尔文的"适者生存"的进化规律又告诉我们：凡是地球上现存的植物都是长期自然选择的结果，于是长期生活在某种胁迫环境中的有些植物，其有利性状经自然选择被不断加强而保留下来，而不利性状在自然选择中被淘汰而消失。因此，植物具有抵抗各种胁迫因子的潜能，形成对某些环境胁迫因子的适应和抵御能力，我们把植物具有的对逆境胁迫的忍耐和抵抗能力称为抗逆性（stress resistance）。

## 二、研究植物抗逆性的意义

由于逆境会使植物的光合作用下降、呼吸作用发生改变，糖类和蛋白质大量水解，造成大量营养物质的消耗等，因此，胁迫严重或胁迫时间较长时就会造成植株的减产、甚至死亡，这无疑会给我们的生产生活造成很大损失。已有报道统计，对于大多数的农作物来说，非生物逆境胁迫导致其平均年生产总值降低50%以上[1]；农业研究人员和人道主义组织研究也认为，非生物胁迫如极端的温度、干旱和不利的土壤条件等是影响作物产量下降，导致当地的经济不振和人口营养不良的重要原因[2~4]。而绝大多数植物本身就具有抵抗逆境的潜能，因此，研究植物抵抗逆境的机制、充分挖掘抵抗逆境的潜能和资源，这是人类持久发展经济和能源的需要，具有重要的理论和实际的研究意义和价值。

科研工作的目的是为了服务于人类的生产和生活需要。在众多的逆境胁迫因子中，水分和低温胁迫对人类生产的威胁愈来愈严重。目前水资源短缺及全球性极端气候的频频发生，是人类生产生活面临的两个突出问题。我国是世界上 13 个最贫水国家之一，人均占有水资源量为 2 300m³，仅为世界人均量的 1/4，而且大部分地区属于亚洲季风区，干旱灾害具有普遍性、区域性、季节性和持续性的特点，水资源缺乏不仅会影响植物的产量和观赏性状，严重时还会造成作物植株的死亡[5]，因此，旱灾给我国带来的损失很严重；同时，极端气候使局部地区出现异常高温、极度低温等，也正在成为限制植物分布、生长和生产力的一个主要环境因子[6~10]。近年来常出现的冬季温度过低和早春的低温所造成的冻害或寒害已经非常突出，严重影响了植物的正常生理生化过程，成为危害全球农业生产的主要灾害之一。因此，本文就植物的低温胁迫展开论述和相关研究。

## 第二节 低温胁迫对植物的影响及研究意义

温度是植物生长发育所需的主要环境因素之一，不适宜的温度就成了植物在地球上地理分布和产量形成的一个主要限制因素。其中温度过低导致的经济作物产量的大幅度下降已经成为全球普遍存在和备受关注的问题。

### 一、低温胁迫

冷害（chilling injury）和冻害（freezing injury）是低温胁迫下植物所受伤害的两个层面。前者是指 0℃ 以上的低温使植物遭受到的伤害；后者则是指植物在受到 0℃ 以下的低温胁迫时由于组织结冰而造成的伤害。

### 二、低温胁迫对植物生长发育的影响

#### 1. 形态变化

无论是冷害还是冻害都会使植物的各项活动减缓或停止[11]，如种子的发芽率下降，生长势减弱，绿色组织被破坏（叶卷曲、变褐，干枯，果皮变色，植株枯萎），受精能力减弱使籽粒不饱满；当受冻严重时，细胞失水过多，最终干枯死亡。

#### 2. 生理生化的变化

低温胁迫下，在我们看到植物出现上述外部形态变化之前，细胞的内部早已经发生了复杂的生理生化变化，如膜的选择透性降低而导致大量溶质的外渗；呼吸和光合受到了影响；蛋白质等生物大分子的分解加剧；细胞内积累了很多有毒的中间产物（乙醛、乙醇和酚等）。这种植物体损伤的可逆与否就取决于经历的温度和经历时间的长短。如果时间偏长，造成局部或整个植株的不可逆恢复性伤害，即死亡[12]。在植物冷害造成的众多后

果中，细胞膜系统是植物冷害最先开始的地方，而膜结构的破坏也是导致植物寒害损伤和死亡的根本原因[13]。

3. 膜系统在低温胁迫下的损伤

生物膜是细胞器间、细胞间及细胞与外界环境的一个生理隔离的重要界面结构。研究表明，植物冷害首先发生在细胞膜系统[14]。究其原因有 3 个方面。

原因一：低温引发的严重脱水是导致膜系统损伤的首要因素[13,15]。低温一般会使细胞外早于细胞内形成冰晶，由于冰晶溶液比液态溶液的水势要低，并且温度越低其水势差值越大，于是胞内的水分通过质膜流出，造成了细胞严重脱水[16]。于是，出现了膜的磷脂分子排列紊乱，膜蛋白遭破坏，进而导致膜结构的损伤；最终，与膜功能有关的细胞的运输能力和透性等也相应发生了改变。

原因二：低温诱导会使活性氧积累，进而损伤膜的结构。自由基在逆境下的累积与膜所受的伤害关系密切。植物在逆境胁迫下本身的代谢平衡被破坏，出现了过剩的自由基，于是引发或加剧了膜脂的过氧化作用，丙二醛（MDA）就是自由基和膜脂过氧化的终产物。它能与蛋白质中的氨基反应，使膜的稳定性下降；还会使膜中的蛋白质发生聚合和交联，使膜中类脂也发生变化，这严重损伤了生物膜系统，甚至会造成细胞死亡。

原因三：低温还会使蛋白质变性。有研究显示，质膜 ATP 酶是冷害损伤发生的初始部位，质膜上包括 ATP 酶在内的功能蛋白质在低温下被破坏而丧失功能，导致膜结构受损，最终影响到细胞内的生理生化代谢，并使植物受到危害[17]。简令成等研究了冷害下的番茄和黄瓜幼苗，以及在冻害中的小麦幼苗的 $Mg^{2+}$-ATP 酶活性变化[18~20]，都发现在低温胁迫下，细胞各部分中首先是质膜-ATP 酶的活性降低或完全丧失，据此他们提出低温对细胞膜结构的破坏，可能是由于膜上的功能性蛋白的改变，如 ATP 酶构型发生变化使其活性改变，进一步改变了细胞的生理反应。

4. 低温胁迫带来的损失和研究意义

温度与光、水、$CO_2$、有机物和各种矿物质都是植物生长发育过程中的主要外界环境因子。而低温与干旱又是各种非生物胁迫中对植物的影响较为突出的因素，是植物经常会遭受的一种逆境胁迫，在植物整个生长发育过程中都可能发生，成为限制植物自然地理分布和植物生产量的重要环境因素之一[2]。尤其，近年来全球气候不稳定，植物受低温灾害现象更加突出，冷寒、冻害波及的面积很广，几乎涉及所有的经济植物，是危害农林业生产的主要自然灾害之一[21]。低温会降低植物的生物合成活性、抑制正常的生理代谢过程，不仅影响植物的产量，甚至对植物生存也造成严重威胁；低温冻害还会给整个生态系统的发展和维护带来不利影响，极大阻碍了经济的良性发展。据统计，全球每年因低温冻害造成的农作物损失高达数千亿美元[22]。因此，研究植物对低温的应答机制和耐寒机理，培育耐寒作物品种以提高农林植物低温耐受力，扩大植物地域分布，成为农业和林业发展中十分重要的亟待解决的难题。

## 第三节　植物的抗寒机理及研究进展

低温来临时，植物体通常存在两种适应机制：避免低温伤害或忍受低温伤害。前者通常只在种子和冬芽等特定的组织中发生；而忍受低温伤害才是植物最主要的低温适应机制。我们把植物通过自身的遗传变异和自然选择而在长期的低温环境下获得的抗寒能力称为抗寒性，以冰点为界把植物的抗寒性分为抗冷和抗冻性：分别指植物对冰点以上和以下低温的适应能力。植物对低温的这种适应过程是积极而主动的。

## 一、冷驯化（cold acclimation）

由于植物本身具有抗寒的潜能和基础[23]，因此，对植物进行适当的低温锻炼（冷驯化），就能激发其抗寒潜能，提高其抗寒能力。根据植物对低温的反应，常把植物分为 3 类：①不耐受4℃低温；②不耐受 0℃以下低温；③耐受 0℃以下低温。我们就把一些植物品种经过一段时间的零上低温（非冻低温）锻炼，抗寒能力提高的现象称为低温冷驯化（cold acclimation）[24]。许多植物属于第三类，是可以进行低温驯化的。就像自然条件下，秋末冬初外界温度逐渐下降，而很多温带植物能感受到这种温度变化，并使体内发生一系列与之相适应的生理生化变化，进而提高应对冬季更低温度的适应能力，这就是大自然对其的"冷驯化"；植物在逆境下，也会逐渐形成细胞有可能遵循的类似的机制应对低温胁迫。因此，在农业生产实践和生活中，在低温来临前对植物进行冷驯化就成为提高植物抗寒性的有效措施之一。现在，冷驯化还被科研工作者当成一种重要的研究方法，对冷驯化机理的研究本身就是抗寒机理的揭示，因此，其机理的研究一直是抗寒研究中的热点也就不难理解了。

## 二、膜结构的稳定与抗寒性

细胞膜是植物细胞与外界联系的通道和屏障，因此，外界环境对植物的胁迫危害也首先作用于膜系统。逆境下的各种细胞器的膜系统置于电镜下观察，均发现膜的膨胀或破损[25]，所以说，生物膜和抗逆性关系密切。植物冷害同样首先发生在细胞膜系统[14]，因此，关于膜系统的稳定与植物抗寒性的研究成果颇多。

早在 20 世纪 70 年代，Lyons 和 Raison[26]就提出"膜脂相变冷害"假说，认为，在低温胁迫时，生物膜首先从液晶相变为凝胶相，脂肪酸链排列、膜的外形和厚度都被改变，出现孔道或龟裂，导致渗透性增大和可溶性物质等电解质的渗漏；同时膜上酶的活力降低，出现反应失调和有毒物质的积累。根据这一理论得出：植物遭受低温损害后出现的细胞生理代谢的变化和功能的紊乱都是次生或伴生的，而损害的原初反应是发生在生物膜上的。同时他推断，膜脂相变温度与其所含的不饱和脂肪酸含量有关，若脂肪酸饱和度增加，相变温度也相应升高，则易遭受低温损害。以后大量的实验结果都为"膜脂相变冷害"假说提供了有力证据，证实了植物生物膜系统的稳定性与其抗寒性密切相关[27~29]。

1. 膜表面糖蛋白的变化与抗寒性

研究发现，低温条件下植物生物膜上的蛋白质也会发生各种变化。简令成等[30]在研究小麦品种间的抗寒性差异时发现，小麦细胞表面糖蛋白的差别与其不同品种抗寒能力的大小关系密切：他们在冷驯化植物的一些叶片组织质膜中发现有 11 种蛋白质浓度增加，26 种蛋白质新合成，同时还有 20 种以上的蛋白质减少或消失；另外，低温处理后的抗冻小麦幼苗细胞内的糖蛋白在不同生物膜上的分布量和分布部位都有增加，而不抗冻的小麦同样处理却没有发生这些变化；低温驯化后质膜上糖蛋白由原来的颗粒状间隔分布变为均匀分散分布，但脱驯化后又恢复为原状。研究发现，这些冷驯化诱导的蛋白质具有特异性的序列，高度亲水性和调节渗透压的功能及显著的热稳定性，对于稳定膜系统有重要作用[24]，但膜蛋白的种类和分布的变化对植物抗寒性的作用及其机理还有待进一步探讨。

2. 膜脂成分的变化与抗寒性

按照生物膜的流动镶嵌学说，膜的双分子层脂类的物理状态与温度有关。有利于稳定膜相变的因素就可以增加对逆境的抵抗能力。低温时，质膜上的脂类、磷脂和游离甾醇含量以及甾醇糖苷脂酶、酰基甾醇糖苷脂酶和葡萄糖苷脂酶等都有变化。然而，根据 Lyons 的"膜脂相变"学说，膜系统的相变温度在很大程度上还是取决于其脂类脂肪酰基不饱和程度和碳氢链的长度，大量探索试验也证实了膜脂中的类脂和脂肪酸成分明显影响着膜脂的相变温度：在目前所有被研究的植物中，均发现在冷驯化中膜磷脂组成的变化与细胞膜的稳定性密切相关[31]；在水稻等的测试中也发现经低温锻炼的叶绿体膜脂的不饱和脂肪酸含量高[32]，植株抗寒能力和膜冷稳定性也增加；陈娜[33]等概括了膜脂组成与抗冷性的关系，也指出膜脂不饱和脂肪酸的含量越高，膜相变温度就越低，植物的抗冷性也就越强。这些都说明植物的膜脂物相变化与植物抗寒性之间有着相关性。

一般细胞的膜脂成分在植物处于低温下几小时后就开始改变，但研究发现，在一些植物抗寒力形成过程中，磷脂的变化比抗寒力的产生滞后[35]；在对冷驯化后的水稻幼苗进行低温处理时，发现其电导率和 MDA 含量的增长比对照缓慢，GSH 和 ASA 的水平高于对照[34]，这些研究表明，应该还有其他一些变化也有助于提高膜的稳定性。

3. 膜蛋白与膜脂的相互关系与抗寒性

近年研究认为，膜稳定性的关键因素可能并非是脂肪酸的不饱和度，而是由膜蛋白与膜脂在共同起作用。Yamaki[36]等在观察冷贮藏中的番薯时，并没有发现膜脂相变，只是看到磷脂从膜上被释放，他们认为：低温造成膜蛋白结构上的改变，进而使膜蛋白对磷脂的约束能力降低了，于是提出"膜蛋白对调控膜冷稳定性起着重要作用"。Palta 和 Li[37]对洋葱鳞片表皮细胞的冰冻试验研究中，发现细胞膜透性的改变也不是因为膜脂的变化，而是膜上的主动运输体系被损造成的。Champman 等[38]研究低温驯化中的豌豆，发现其叶绿体膜脂肪酸的不饱和指数与常温生长的豌豆差异并不大，但其膜脂与膜蛋白质的比值却明显增加。Uemura 和 Yoshida[38]发现经抗寒锻炼的鸭茅草和冬黑麦的膜脂与膜蛋白的比值显著增加。

综上，为了避免低温下因脱水和原生质收缩而对质膜构成的机械损伤，一部分膜脂会被释放到质膜与细胞壁间的空隙中，这些膜脂聚成嗜锇颗粒附于质膜的外表面以保持质膜稳定；糖蛋白在这个过程中由颗粒状可逆地变为分散状，使质膜的表面张力和流动性增加，质膜稳定性也被提高。所以，应该把植物细胞作为一功能整体来研究抗寒性与膜系统的关系，膜蛋白、膜脂及其相互关系对膜稳定性提高都具有重要作用，其作用机制有待继续深入研究。

### 三、渗透调节物质

许多试验已证明，植物的抗寒性与膜的组成、结构及其稳定性有关[39,40]。在低温条件下，膜的渗透性也在发生很大变化，而渗透调节可能是植物对低温胁迫适应的主要机制之一。细胞中有两大类物质具有渗透调节作用：一是细胞内的无机离子，如 $K^+$ 和 $Cl^-$ 和无机酸盐等；二是细胞合成的有机溶质，如甜菜碱、脯氨酸、糖类及其衍生物等。其中，可溶性糖、可溶性蛋白质和游离脯氨酸等是非常重要的渗透调节物质。低温胁迫时这些渗透调节物质含量会升高，以加强膜稳定性，提高细胞耐脱水能力[41]。

在许多植物研究中都得出细胞内可溶性物质的积累与冷驯化中抗寒力的发展是一致的结论[42,43]。基因方面的证据也有力地支持了可溶性糖在抗寒中的作用。例如，在拟南芥抗寒组成型突变体 eskI 中，正常条件下也有可溶性糖的积累[44]。一些植物在响应低温过程中还出现甜菜碱的积累[45,46]，增强了对低温和冰冻的抵抗能力。另外，关于其他一些可溶性物质如脯氨酸[47]，在提高植物抗寒性方面也有一定报道。

### 四、植物的抗氧化保护系统

生物体在自身代谢过程中会产生自由基，因其带有不配对电子而具有高度的化学活性。正常条件下细胞也会产生活性氧自由基，少量的活性氧对植物生长并无障碍，甚至是有益的；但当活性氧快速在细胞内积累时，由于其具有还原性、不稳定性和高能等特点，就会使 DNA 链断裂、蛋白质失活及发生膜脂过氧化等现象，导致细胞结构和功能受损。

正常情况下，细胞内活性氧在不断产生的同时也在不断被清除，两者处于动态平衡状态，但在低温胁迫下这种平衡被打破，植物体内的活性氧含量升高并产生积累。高水平的活性氧自由基就会使膜脂发生过氧化反应，植物细胞蛋白质的合成受到抑制，大分子蛋白质之间的聚合加速，膜结构和功能遭到破坏，细胞膜透性增加。可见，活性氧的积累是造成低温损伤的主要原因之一。在长期进化过程中，植物体形成了一套完善、复杂的酶类与非酶类抗氧化保护系统来帮助清除过多的活性氧，使体内活性氧的产生与清除保持在动态的平衡状态中。超氧化物歧化酶（SOD）、过氧化氢酶（CAT）、过氧化物酶（POD）、抗坏血酸过氧化物酶（APX）和谷胱甘肽还原酶（GR）等就是酶促防御体系的主要成员[48,49]；抗氧化剂 GSH（谷胱甘肽），ASA（丙烯酸酯类橡胶体与丙烯腈）和 CAR（类胡萝卜素或者组成型雄性受体）等是非酶自由基清除剂，可以清除细胞产生的活性氧并维持活性氧代谢平衡。研究显示，冷驯化可以使细胞内抗氧化酶活性和抗氧化剂含量提高，膜脂过氧化降低，膜结构的稳定性得以维持，植物的抗冷力增强。总之，不同植物在受到氧化胁迫时选择的主要抗氧化方式也可能不同，这也是植物自然进化的结果。目前，应用生物技术转移抗氧化酶基因或增加抗氧化剂含量以提高植物的抗冷性，也已获得了一定的成功[50]。

**五、细胞酶系**

植物抗寒性是植物对低温逆境长期适应而形成的一种生理遗

传特性。抗寒能力的作用过程即为基因到蛋白质（酶）再到生理功能与代谢改变的过程。

在较低温度下植物的细胞酶系一般会维持稳定，但对于冷敏感植物而言，在其冷害的临界温度下常常会导致多种酶系结构、功能及数量的变化。一种情况是酶复合蛋白体发生解聚，如 C4 植物光合过程中的丙酮酸磷酸双激酶在低温下就由原来的四聚体变为二聚体；还有一种情况是酶的构象发生了变化，如 1，5 - 二磷酸核酮糖羧化酶在低温下构象发生了可逆变化。此外，许多报道也证实低温还会影响酶的数量和活性[51,52]。

就酶分子多态性与植物低温适应机理之间的关系也展开了很多研究，其成果表明很多酶系统的构型变化及功能的改变与植物的抗寒能力是有相关性的。在多酶系统中，每一种酶的活性都会受温度的影响，于是产生不同的形态，以此保证它们能在低温下行使功能，使细胞内的物质代谢发生适应性的改变，为抵抗低温提供可能的物质基础。

由上述可知，植物可以通过生长发育变化、代谢改变和自由基清除等膜保护物质维持自由基平衡和膜系统的稳定；蔗糖、脯氨酸等渗透物质介导的渗透调节以及功能蛋白的作用，综合结果就是增加了植物对抗低温伤害的能力。这是一个复杂过程，在这一过程中植物发生了一系列的生理和生化变化。而这些变化最终是由基因表达变化决定的。

## 六、冷诱导基因（COR）

早在 1970 年，Weiser[53] 首先指出植物的基因表达在低温适应过程中发生了改变；Guy 等[54] 发现在冷驯化过程中有一些基因的表达被诱导和增强。于是，研究植物冷驯化过程中基因表达的变化就成了人们对植物抗寒性的分子机理研究的起点。

对拟南芥和油菜等植物给予 0 ~ 10℃ 的低温锻炼后，它们就

可以在 -30℃ 或更低的温度下生存。说明植物在这一低温锻炼过程中发生了复杂的改变，而这种改变的根源就是一系列受低温诱导的基因表达发生了改变，才使植物的抗寒能力提高。把这些由冷胁迫诱导而表达的基因称为冷诱导基因（cold regulated gene，COR）。迄今，已从拟南芥、油菜、苜蓿、菠菜、马铃薯、小麦、大麦等植物中鉴定出大量冷诱导基因[55]，如拟南芥中的 kinl、corl5a、cor78/ra29A 和 erdl0，油菜中的 Bn28 和 Bnll5，小麦中的 Wcsl20 和 Wcs200 等。鉴定并确定这些冷诱导基因在抗冷过程中的作用，是冷驯化研究中的主要努力方向。

低温胁迫会激活上述与冷有关的基因表达，并有新的蛋白质合成，使细胞形成抗寒能力，增强植物的耐寒性，这些新合成的蛋白质在抗寒中的作用大体分为 3 类。①具有酶的作用，包括低温下与主要代谢或与胁迫代谢有关的酶蛋白，如苯丙氨酸氨基裂解酶，脂肪酸不饱和酶，磷脂转移酶，翻译起始因子等[56~58]，这些酶会使植物进入与抗寒锻炼相关的代谢途径；②新合成的蛋白质组附着于膜的内外而对膜起稳定作用；③新合成的蛋白质（多为糖蛋白）进入液泡和细胞间隙以阻止冰冻的作用。对冷诱导基因的发现与研究为植物抗寒性改良开辟了新的希望和路径。

## 第四节　植物抗寒基因与抗寒性改良的研究

以往，生产上常常通过对植物进行低温驯化，以及化学诱导和合理施肥等传统方法来提高植物抗寒性。如施用 PP333、ABA 可以提高香蕉和番茄过氧化物酶和过氧化物歧化酶活性、增加蛋白和可溶性糖含量，最终提高了植物的抗寒性[59,60]。但是，从根本上大幅度地提高抗寒性能，还是要利用基因工程的手段，这也是植物学研究领域的热点之一。根据胁迫诱导表达的基因产物的作用，可以把这些基因分成两大类：一类产物作为功能蛋白，

具有直接保护细胞而避免细胞受到胁迫伤害的作用，如 LEA
（Late-embryogenesis abundant，后期胚胎富集）蛋白、抗冻蛋白、
伴侣蛋白等[61,62]；另一类产物主要是一些对基因表达调控等具
有调节作用的蛋白，包括转录因子、蛋白激酶和磷酸肌醇代谢相
关酶，它们在感应和转导胁迫信号和在调控基因表达方面起重要
作用。

在对被冷驯化诱导和增强的一些基因的表达产物进行分析
后，Guy 等[54]也把这些冷诱导基因表达的产物分为两类：一类
是调控性蛋白，它们在植物冷信号传导路径中对抗寒基因的表达
进行调控；另一类是功能性蛋白，它们直接与植物抗寒性的提高
相关。目前，国内外的植物抗寒基因工程主要针对以上两类冷诱
导基因加以展开。

**一、编码功能性蛋白的基因**

这类基因的产物如 LEA 蛋白、抗冻蛋白、伴侣蛋白等功能
蛋白[61,62]可以直接保护细胞免受逆境胁迫的伤害。编码这些产
物的基因主要有：膜稳定性相关基因、抗氧化酶活性基因、抗冻
蛋白基因和渗透调节基因等。

1. 膜稳定性相关基因

由于膜是低温伤害的原初位点[63]，通常植物的膜相变温度
如果降低就可以使植物的抗寒性增强，研究表明，膜脂中所含脂
肪酸的不饱和度与膜的相变温度的高低呈正比关系，因此，对植
物导入脂肪酸去饱和（fatty acid desamration，FAD）代谢过程中
的关键酶基因，就能达到降低脂肪酸的饱和度、增强植物抗寒能
力的效果。

在植物膜稳定性相关基因研究中，日本是首先利用脂肪酸去
饱和酶基因进行抗寒性分子改良的国家。High 等（1993）[64]筛
选了一个膜脂不饱和脂肪酸发生突变的蓝藻（Synechocystis PCC

6803）菌株 fad12，并克隆了 ω-12 去饱和酶基因 desA，研究表明，低温首先降低了膜脂的流动性，进而刺激了 desA 的转录，使膜脂不饱和度增加，膜脂的流动性也相应增加。Losd 等[65] 对低温胁迫下的蓝细菌研究发现，desA 基因的表达水平在低温胁迫的 1h 内就增加 10 倍，抗寒性被提高；将抗冷兰藻的 desA 基因转入寒冷敏感的兰绿藻中，其膜脂组成发生改变，抗寒力增强[66]。Yokio 等[67] 把拟南芥的 3-磷酸甘油酯酰基转移酶基因（GPAT）转入水稻，结果转基因植株叶绿体的不饱和脂肪酸含量提高了，耐寒性也增强。此外来源于拟南芥叶绿体的 ω-23 脂肪酸去饱和酶基因（FAD7）[68,69]、南瓜藤和拟南芥属的甘油-3-磷酸酰基转移酶基因[70]、酵母的 △-9 脂肪酸去饱和酶基因[71]、菠菜的硬脂酰基载体蛋白去饱和酶 SAD 基因都分别被转入烟草中[72]，结果转基因烟草的抗寒性都增强了。现在关于脂肪酸去饱和代谢关键酶基因的克隆与转基因还在不断进行中，这为抗寒基因工程的开展提供了很多分子资源。

2. 抗氧化酶活性基因

大量研究表明，植物在低温胁迫下对 $O_2$ 的利用能力降低，较多的 $O_2$ 在代谢过程中被转化为对细胞有毒害作用的活性氧（ROS），体内活性氧的平衡被打破，引发并加剧了膜脂过氧化作用，膜脂的不饱和度降低，膜蛋白发生聚合及变性，膜脂流动性降低，膜通透性增强，导致了生物膜受损[73]。

一般认为，植物本身具有的抗氧化防御系统可以增加膜结构和功能的稳定，如 SOD、POD、CAT 等物质的协同作用可以消除植物体内活性氧自由基的危害，其中，以 SOD 最为重要。所以，通过转移 SOD 酶的编码基因，加强低温下植物对自身的保护，降低膜脂过氧化伤害，这样从代谢角度就可以延缓细胞的不可逆伤害，增强对低温的耐受能力。Gupta 等[54] 报道使外源 Cu/Zn-SOD 基因在烟草叶绿体中超量表达，就可抑制烟草在低温下光抑制的发生。Mc Kersie 等[74]将来源于烟草的 Mn-SOD 的 cDNA 置于 35S 启动子下转化苜蓿，转基因植株中 SOD 酶的含量和活性都会提高，并且转基因植株在大田中的越冬存活率也大大提高，同时对除草剂二苯乙醚的抗性也增强了。这是通过转基因方法提高植物抗寒性研究中非常积极的一个实例。近年来，利用抗氧化酶基因来改良植物抗寒性的基因工程研究仍处于持续高热之中。

3. 抗冻蛋白基因

0℃以下低温就会使细胞内外的水分结冰，随冰冻时间的延长，冰晶逐渐向四周伸展扩大，就会刺破质膜和一些重要的细胞器，于是生物的有序隔离就遭到了破坏。而抗冻蛋白（antifreeze-eprotein，AFP）是一类具有热滞效应和冰晶生长抑制效应的蛋白质，具有降低水溶液的冰点、修饰冰晶形态和抑制重结晶等功能，使有机体在受低温胁迫时能抵御冰冻环境[75]。

抗冻蛋白是 1969 年从南极 Mcmurdo 海峡的一种 No-totheneniid 鱼的血液中首次发现的。这种物质的奇妙之处就在于它可以阻止体液内冰核的形成与生长，使体液维持在非冰冻状态。这一发现对于科学研究的意义是非凡的，于是研究的对象也迅速地扩展到昆虫、无脊椎动物和脊椎动物，然后又扩展到非维管植物和维管植物，甚至涉及细菌、真菌和微生物。最后，证实了 AFP 在生物界是广泛存在的，是生物抵抗低温和防御冻害的一种机制[76]。这一研究成果为植物利用基因工程技术来改良抗寒性又增添了一个全新的方向。由于这类蛋白质具有较高的亲水性和热稳定性，能够保护植物细胞免受低温伤害，Kimberly 将第一批来自比目鱼的抗冻蛋白转入到烟草和番茄中，在低温下检测到较强的抗冻蛋白活性[77]。Huang 等[78]将树状抗冻基因 DAFP21 转入拟南芥，其抗冻性比对照植株提高了 0.6～3.3℃。王艳等[79]将准噶尔小胸鳖甲的抗冻蛋白基因转入烟草中，发现转基因烟草的耐寒性明显优于野生型烟草。然而，这些抗冻蛋白基因工程的目的基因多来源于鱼类，由于鱼类和植物的基因结构差异较大，所获得的转基因植物的结果也不尽如人意。

20 世纪 90 年代初期才开始研究植物中的 AFPs，主要是通过蛋白质电泳检测和基因分离技术分离鉴定[80]冷驯化中出现的特异蛋白或基因，进而研究其与植物抗寒能力间的关系。第一个植物 AFPs 基因是 Worrall[81]等 1998 年从胡萝卜中发现的，这一发现为植物抗寒基因工程注入了新的活力，将胡萝卜 AFPs 的 cDNA 与双 CaMV32S 启动子表达载体连接之后转入烟草，烟草提取物就可以抑制冰晶生长[81]；1998 年，Worrall 等[81]也将胡萝卜 AFP cDNA 导入烟草，并使其组成性表达，利用蛋白质免疫杂交发现有 8 个转基因株系的叶提取物表达了抑制冰晶生长的 36KD 的多肽；随后，胡萝卜 AFP 基因又被转入拟南芥、番茄和甜椒等作物，都发现抗寒性增加[82,83]。

至今，已经在燕麦、冬小麦、胡萝卜、冬黑麦、沙冬青、桃树等多种高等植物中分离出 AFP 蛋白。这些抗冻蛋白之间的相似性很低，其氨基酸组成和相对分子质量都不相同。发现这些抗冻蛋白中主要有 7 个多肽组分表现出了明显的抗冻活性，其中，16kDa、25kDa、32kDa、34kDa 和 36kDa 这 5 种多肽活性较高并且相对分子质量较大[84]。目前，AFPs 的研究虽然已取得重大进展并成为生命科学研究的热点课题之一，但是，关于不同植物抗冻蛋白基因的分离克隆及利用其对植物抗寒性进行有效改良方面仍需付出大量努力，以填补该方面研究领域的空白。

4. 渗透调节基因

低温胁迫给植物造成的次生胁迫就是干旱，使细胞的渗透性降低，这既会使生物膜受损，也会破坏细胞内可溶性蛋白及胞内有序的空间结构。长期进化过程中细胞主要通过两类物质来缓解这种渗透胁迫：一类是通过转移一些小分子渗透调节物质（如脯氨酸、甜菜碱和糖等）代谢过程中有关的酶，提高这些小分子渗透调节物质的含量，增强抗渗透胁迫的能力；另外一类渗透调节物质是亲水性多肽，如 COR 蛋白和 LEA 蛋白等，它们被低温诱导，具有保护细胞膜，维持水相和防止蛋白质变性等功能。

低温胁迫时，植物为了增加渗透调节物质的积累以维持自身渗透压的平衡，就会诱导与这些渗透调节物质合成有关的酶基因的表达，以避免或减轻逆境的伤害。其中，脯氨酸就具有较强的水合能力，植物体内脯氨酸的增加在低温胁迫下对细胞的持水，并防止水分散失和渗透调节都有重要作用。Nanijo[85]将脯氨酸脱氢酶反义基因 AtproDH 的 cDNA 转入拟南芥，发现该酶的产量受到了抑制、胞内脯氨酸的水平得到了提高，同时转基因植物对低温和高盐的耐受性都增强了。随着基因工程技术的发展与成熟，很多渗透调节物质的关键代谢酶基因被克隆和分离，并使这些基因在植物中超量表达以增加这类渗透调节物质的含量，这在植物抗寒育中将具有很大的应用潜力。目前，这方面研究较深入的是 LEA 蛋白基因和 COR 蛋白基因。

LEA 蛋白可能广泛存在于高等植物的种子中，是在种子成熟和发育阶段合成的一类蛋白，在因受干旱、低温和盐渍胁迫而失水的营养组织中也有表达[61]。LEA 蛋白主要分为 6 类：LEA1-LEA6，其中 LEA1-LEA3 与植物抗逆性相关，如水稻中 LEA3 蛋白基因 OsLEA3-1 在干旱诱导型启动子驱动下，显著提高了植物抗旱能力，使产量不受损失[86]。推测 LEA 蛋白生理功能可能有三方面：调节细胞的渗透压；作为脱水保护剂，维持蛋白和膜结构的稳定；通过与核酸结合调节细胞内相关基因的表达。

冷驯化能诱导多种 COR 蛋白基因表达，例如，拟南芥在冷驯化过程中能产生 COR15a、COR75 以及与 LEA 蛋白同源的 COR47 等。Artus 等[87]使 COR15a 多肽在转基因拟南芥中大量组成型表达后，发现其原生质膜的稳定性提高了，叶绿体和原生质体的耐寒性都增强了。

研究如 LEA 蛋白[88]、抗冻蛋白[89]这些冷诱导基因与蛋白的主要任务之一是评价它们在抗冷中的作用。虽已发现许多基因与植物抗冷力密切相关，也已对很多植物中转入与膜稳定性相关基因、抗冻蛋白基因、渗透调节基因、抗氧化酶活性基因以及一些冷诱导基因等[90]，并试图来改良作物的抗寒性，但迄今为止，只有 CORl5a 基因的作用机制研究得较为清晰。研究发现，含有 CORl5a 的原生质体与叶绿体比对照更具有抗冻性[87]，据推测 CORl5a 在低温下通过改变叶绿体内膜的内折来延缓膜伤害形式 Hexll 相位的形成，以保持低温下膜结构与功能的稳定性[91]。但在植株整体水平上，CORl5a 单独表达的抗寒效果并不好；而当 CORl5a 与 COR47 和 COR48 等基因协同表达时植物抗寒能力提高就很明显[92]。这也说明植物的抗寒性可能是由许多微效基因调控的累积性状。有很多研究都表明，抗寒特性是由多个基因控制的数量性状，仅凭转入单个抗寒基因很难达到显著效果[93]。因此，抗寒基因研究过程中出现了新的难题，而 Jagol-Ottosen 等[92]把 CBFl 基因导入苜蓿细胞后，发现许多 CORPs 被诱导合成，植物的抗冷力也明显提高。于是以 CBFl 为首的可对多个抗寒基因进行调控而提高植物抗寒性为特点的转录因子成为了新一轮的研究热点。据统计，在 1 000 多个冷诱导基因中，约 170 个基因编码转录因子[94]。

## 二、编码调控性蛋白的基因

植物在感受和传导寒冷信号的过程中，有多种调控基因参与编码产生信号传递因子和调控蛋白，包括各种转录因子、蛋白激酶和磷酸肌醇代谢相关酶，如 DREB 转录因子、$Ca^{2+}$ 依赖性蛋白激酶、细胞分裂蛋白激活激酶等[95]。它们在植物逆境信号传导网络中对调控相关基因表达具有重要的作用。

1. 转录因子

（1）植物转录因子

转录因子（Transcription factors，TFs），也称为反式作用因子（trans-acting factor），是能够与真核基因启动子区域中顺式作用元件发生相互作用的 DNA 结合蛋白，通过它们之间以及与其他相关蛋白之间的相互作用，以增强或阻遏基因转录的一类蛋白质。

（2）植物转录因子的结构

典型的植物转录因子由 4 个部分组成。

①核定位信号区（nuclear localization signal，NLS）

转录因子都位于细胞核中，核定位信号区是指将转录因子定位到细胞核中的那段区域[96]，该区域通常富含精氨酸和赖氨酸。不同转录因子的 NLS 在序列、数量和结构上都不完全相同，其分类也主要是根据精氨酸和赖氨酸的排列进行的。

②DNA 结合区（DNA binding domain，BD）

在植物转录因子中，该区是转录因子与顺式作用元件结合的区域，其氨基酸序列也是非常保守的，而其与转录因子结合的专一性常常就取决于该区氨基酸的排列。例如在水稻 OsDREB 蛋白的 AP2 结构域中，第 14 位的缬氨酸和第 19 位的谷氨酸决定了 OsDREB2A 蛋白对 GCCGAC 和 ACCGAC（DRE 元件的核心序列）具有同样的结合效率。而在 OsDREB1A 蛋白的 AP2 结构域中，第 14 位上是缬氨酸，但第 19 位上却不是谷氨酸，其与上述两个顺式作用元件的结合活性就不相同[97]。

③转录调控区（transcription regulation）

该区一般有一个或多个，其作用是对目的基因的表达进行转录激活或转录抑制方面的调控。

④寡聚化位点（oligomerization site）

寡聚化位点的氨基酸序列也是高度保守的，是与其他转录因子发生相互作用的区域。如 bHLH 类型转录因子的螺旋-环-螺旋结构。转录因子寡聚化后会影响其与 DNA 的结合。

转录因子的这些功能区决定自身的功能、特性、核定位以及调控作用等，转录因子就是通过这些功能区与启动子顺式作用元件结合或与其他蛋白间的相互作用来激活或抑制基因的表达[98]。

（3）转录因子的类型

据功能将转录因子分为两种不同的类型[99]。一种是对所有启动子的转录活性都具有激活效应的普遍性转录因子（general transcription factor）；另一种则是只能对特定基因启动子的转录活性具有激活效应的特异性转录因子（specific transcription factor）。科研应用中往往更关注于后一种转录因子的研究，这是因为植物中的许多诱导型基因的表达，都是由特定的转录因子与特定的顺式作用元件相互作用而调控的。

根据与 DNA 结合的结构域的不同特点，转录因子可以分为 AP2/EREBP、bZIP、MYB 和 WRKY 等类型。

（4）与冷诱导相关的转录因子

转录因子在植物感受低温及其信号传导过程中起着极其重要的作用。从 1987 年 Paz-Ares 等[100]首次克隆并报道了玉米的转录因子基因开始，陆续从高等植物中分离出一系列转录因子，这些转录因子几乎涉及了所有的逆境下相关基因的表达调控，如与低温、高盐、干旱、激素和病原反应等相关基因表达调控有关。而其中与冷诱导相关的转录因子有 AP2/EREBP 家族、bZIP 家族和锌指结构家族等。其中，DREBs（dehydration responsive element binding）是研究最多的与冷诱导相关的转录因子，属于一种非常重要的 AP2/EREBP 类转录因子，而 CBF 就是其中最重要的一员。

2. CBF（CRT/DRE binding factor）

（1）CBF 的发现

CBF 是植物所特有的一类转录因子，其发现源于对 COR 基因在拟南芥低温驯化时的表达调控机理的研究：1994 年 Yamaguchi Shinozaki[101] 首次从拟南芥 rd29A 基因的启动子中鉴定出一个 DNA 调控元件 DRE（dehydration-responsive element，TACCGACAT）。同年 Baker 等[102] 从 corl5a 基因的启动子中又鉴定出另一调控元件 CRT（C-repeat，TGGCCGAC），这两个元件均含有 CCGAC 核心序列。随后证明，CRT/DRE 或其核心序列普遍存在于冷诱导基因的启动子中，为这类基因的冷诱导表达所必需[103]。随后，Stockinger 等[104] 采用酵母单杂交（yeast one-hybrid）方法从拟南芥中分离鉴定出一种 cDNA，其编码产物是一种转录激活因子，具有 AP2/EREBP DNA 结合域，能识别并与 CRT/DRE 特异结合，进而启动 COR 基因表达，故命名为 CRT/DRE 结合因子 CBFl[104]，这是植物抗寒分子生物学研究中最重要的发现。

(2) CBF 基因家族及其同源性基因

Southern 杂交结果表明，CBFl 是一个单拷贝或低拷贝数基因。后来，通过以包含 CBFl 编码区的片段作为探针，从拟南芥文库中又筛选获得 CBF2、CBF3 和 CBF4 基因[105]。4 个 CBF 基因构成一个小基因家族：其中，CBF4 定位于拟南芥染色体 V 上，而其余家族成员则以 CBF1-CBF3-CBF2 的顺序正向重复排列于拟南芥染色体Ⅳ短臂的 72.8CM 处，相互之间连锁[106]。同时这 3 条 CBF 基因的核苷酸序列高度同源，氨基酸序列的同源性均在 85% 以上[107]，这些事实表明了 3 个 CBF 基因可能具有共同的起源，是一个祖先基因连续重复后通过突变或选择演变而成。其基因家族后又发现 CBF5 和 CBF6 等多个小基因家族。

与拟南芥近缘的油菜也是一种冷驯化植物，有类似的 CBF 应答途径。Zhou 等[108] 从油菜中克隆得到一个 DRE 结合蛋白的编码基因；随后，Jaglo 等[109] 用拟南芥 CBFl 基因为探针筛选油菜 cDNA 文库，又鉴定出两个编码不同，但类似 CBF 蛋白的 cD-

NA 克隆，它们两个的氨基酸序列相似性达到 92%，与拟南芥 CBFl 的序列大约有 76% 的同源性，特别是在 AP2/EREBP DNA 结合域内；随后，又从与拟南芥亲缘关系较远的冷驯化植物中发现了类似的 CBF 基因。如 Choi 和 Close[110] 从水稻和大麦中分别分离出编码 CBF 和类似 CBF 蛋白的 cDNA，而且发现大麦的 CBF3 基因能诱导其 COR 基因表达，植株的抗冻性也有所提高。Jaglo[109] 用拟南芥的 CBF 基因为探针在小麦和黑麦 cDNA 文库中筛选，鉴定出 1 个小麦和 3 个黑麦 CBF 的编码基因，它们虽然与拟南芥 CBFl 的序列同源性只有 30% ~ 34%，但同样具有 CBF 蛋白所独有的两个特征性短多肽序列。在低温条件下，小麦和黑麦的 CBF 类似基因转录产物在 15 ~ 30min 内迅速积累，2h 后与拟南芥 COR47 有较高同源性且启动子含有 CRT/DRE 核心序列的 WCSl20/COR39 基因家族转录产物开始积累。这些关于类似 CBF 的蛋白的研究结果都来自于能够进行冷驯化的植物，而对不能冷驯化的番茄和玉米研究也同样发现了 CBF 类似基因。在番茄表达序列标签数据库中搜索发现，番茄可产生多种 AP2/EREBP 蛋白，这些蛋白与拟南芥 CBF1 显著同源[109]。

现已在甜樱桃、巴西橡胶树[112] 等许多物种中发现 CBF 类似物，且与拟南芥 CBF 的氨基酸序列具有较高同源性，同时低温条件下的作用途径也相似。这些结果都表明，除拟南芥外，CBF 信号传导广泛存在于各科属植物中。

（3）CBF 转录因子的结构与特性

①一级结构

CBF 转录激活因子属于 AP2/EREBP（Apetala2/ethylene-re-sponsiveelement binding protein）类转录因子[113]。其一级结构中除含有 N 末端碱性核定位信号区和酸性转录激活区外，还有 AP2/EREBP 的 DNA 结合域[114]。该 DNA 结合域为植物所特有，它在不同植物中非常保守，由大约 60 个氨基酸残基组成[115]，存在于拟南芥蛋白 APETALA2（AP2）、烟草乙烯应答元件结合蛋白（ethylene-responsive element binding protein，EREBP）以及许多其他功能未知的植物蛋白中。CBF 与其他 EREBP 型转录因子的 AP2 区域不同，含有两个不同的氨基酸，这可能使得它们与 DNA 顺式作用元件的结合具有不同的专一性。碱性核定位信号区位于 N 末端区域，富含精氨酸和赖氨酸残基，进入细胞核的过程受该区域的控制。位于 C 末端的转录激活区酸性氨基酸含量较高，其 pI 在 3.6 ~ 3.8，被认为在转录激活中起主导作用[116]。

②二级结构

通过二级结构预测，发现拟南芥 CBFl 蛋白形成 2 个 α 螺旋，一个在 N 末端区域，另一个在 AP2 DNA 结合域后半部高度保守的核心区域。AP2 区域中的 α 螺旋被认为是 CBF 蛋白的一个核心结构，参与同其他转录因子及 DNA 间的相互作用[117]。该区域中还有 3 个 β 折叠，它们通过与 DNA 大沟内碱基对的相互作用而对识别各类顺式作用元件起关键作用[118]。此外，在 CBFl 蛋白的 C 末端酸性区域，也能形成 3 个 β-折叠[105]。

③CBF 蛋白及其特性

CBF 蛋白具有 PKK/RPAGRxKFxETRHP 和 DSAWR 两段短多肽序列，这是通过比较来自拟南芥、油菜、黑麦、番茄和小麦的 CBF 蛋白发现的。PKK 就位于 AP2 DNA 结合域的上游，另一个短多肽序列在该结合域的下游，它们被称为 CBF 蛋白的特征序列（signature sequence）[109]。这两个特征序列不涉及 CRT/DRE 调控元件的识别，但与核运输信号相似，说明它可能与蛋白运输有关。另外，这两个特征序列在不同的物种间是保守存在的，说明其功能是很重要的。

在 CBF 蛋白中还有潜在的磷酸化位点，这些位点是比较保守的，如丝氨酸-13、丝氨酸-56 和苏氨酸-151 等。在拟南芥 CBF

转录激活因子中就发现有蛋白激酶 C 和酪蛋白激酶 II 的识别位点，这些潜在磷酸化位点可能对其生理功能的发挥具有重要作用。一些研究结果表明，转译后的蛋白磷酸化修饰作用能增强植物中的转录因子与 DNA 的结合能力[119]，如小麦中的低温反应基因 Wcs120 受核因子的调节，而这些核因子的结合活动又受到磷酸化/去磷酸化作用的调节。因此，CBF 蛋白中的磷酸化位点也可能具有特别作用，其作用机理有待继续研究。

局部冷变性是 CBF 蛋白的又一大特性。Kanaya 等[105]对温度变化下的 CBF 蛋白二级结构进行研究发现，冷变性发生在 CBFl 蛋白的两端，即 1 ~ 40 和 147 ~ 213 氨基酸残基处，在 - 30 ~ -5℃间 N 末端区域和 C 末端酸性区域均表现出可逆冷变性；而包含 AP2 DNA 结合域在内的区域在 40 ~ 60℃ 之间表现出热变性。这种冷变性引起 CBFl 蛋白分子的伸展，因而被看作是 CBFl 蛋白的一种特性，是 CBFl 对冷胁迫的一种生理上很重要的结构响应。CBFl 蛋白在体外于常温和近零点温度下都能与 CRT/DRE 结合。

（4）CBF 转录激活因子的作用

①激活启动子中含有 CRT/DRE 调控元件的冷诱导基因的表达

植物的许多冷诱导基因的启动子中都存在有 CRT/DRE 调控元件。CBF 转录激活因子通过与该调控元件的特异结合，进而调控含有该调控元件的一系列冷诱导基因的表达。如拟南芥冷诱导基因 kinl、cot6.6、corl5a、cor47 和 cor78 启动子中都含有 CRT/DRE 调控元件或其核心序列 CCGAC，CBF 基因就会调控这些基因的转录表达，编码产生 LEA 蛋白或亲水多肽[120]。研究发现，拟南芥植株在低温胁迫 15min 内，CBF 基因的转录就明显提高，到了胁迫 2h 左右 corl5a 等基因的转录物开始积累。同样，对油菜、小麦和黑麦研究中，在编码类似 CBF 蛋白的转录物快速积累后，随即其冷诱导基因 Bn115 和 Wcs120 也开始转录表达[109]。转基因实验证明：CBF1 和 CBF3 在拟南芥中超表达导致正常温度下上述冷诱导基因的表达，使低温胁迫下这些基因的表达增强，而且冷诱导基因的表达水平与 CBF 基因的表达水平呈正比例关系[121]；番茄 CBF 编码序列在拟南芥中超表达后，即使没有低温刺激也能激活 cor15d 和 cot 6.6 基因的表达。以上结果表明，CBF 转录激活因子通过与 CRT/DRE 调控元件的特异结合，激活下游一系列含有这一调控元件的诱导基因的表达，这就是其在逆境信号传导中发挥的最主要的生理生化功能。

②体内糖代谢的改变

冷驯化过程中发生的普遍的生理变化之一就是糖类的积累，而 CBF 基因的超表达就可引起糖代谢的改变。Gilmour 等[121]研究发现，CBF3 超表达植株的葡萄糖和果糖等糖类及可溶性糖总含量都有所增加，CBF3 超表达植株无论是否经过冷驯化，其总糖含量都比对照高出 3 倍。然而，CBF3 超表达对植物蔗糖含量的影响机制还需进一步研究，这是因为在 CBF3 超表达的拟南芥植株中发现，决定蔗糖含量的两种关键酶（蔗糖磷酸合酶，SPS 和蔗糖合酶，SuSy）编码基因的转录基本上没有受到影响。

③脯氨酸含量变化

在冷驯化过程中，植物体内的脯氨酸生物合成关键酶 P5CS 基因的转录水平和脯氨酸含量都会升高[44]，CBF 转录激活因子超表达也能产生类似的作用。CBF3 在拟南芥中超表达后，不经冷驯化 P5CS 转录物水平和自由脯氨酸含量比对照植株高 4~5 倍；而经冷驯化后，CBF3 超表达植株中 P5CS 转录物水平和自由脯氨酸含量较对照高 2~3 倍[121]。P5CS 的编码基因有 P5CS1 和 P5CS2 两个，P5CS2 基因的起始密码子上游启动子区域的 CRT/DRE 调控元件的核心保守序列 CCGAC 出现了两次。推测可能是由于 CBF3 与该核心序列结合诱导 P5CS2 基因表达，导致了 CBF3 超表达植株中脯氨酸含量的提高。

综上所述，CBF 作为转录激活因子，先与 CRT/DRE DNA 调控元件特异结合后诱导了目标基因表达，最后促进 LEA 蛋白和亲水多肽，还有脯氨酸和可溶性糖等物质的合成与积累，而这些物质已被证明对植物的低温耐性有重要作用[122]，因此，从理论

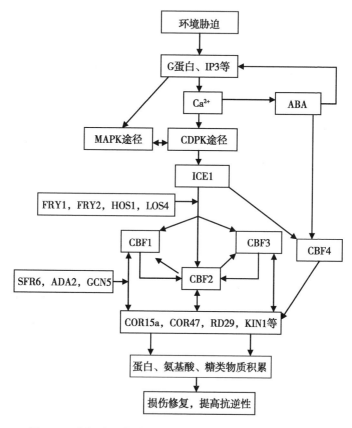

图 1−1　低温和干旱胁迫条件下 CBF 介导的信号传递途径

Figure 1−1　The signal transduction pathways mediated by factor CBF under low temperature and drought in plants

上来说 CBF 能提高植物的耐低温能力。事实证明 CBF 转录激活因子不仅可以提高植物的耐寒性，CBF 超表达也能增强植物对干旱和高盐胁迫的耐性[16]。如 CBF1-3 由于既具耐寒能力又具抗旱作用，而被分别称为 DREB1b、DREB1c 和 DREB1a[123]。总之，CBF 转录激活因子的超表达导致拟南芥多方面的生理生化变化，由此也认为，CBF 转录激活因子就如一个"总开关"，多方面激活冷驯化反应的各种组成因子[107]。由 CBF 介导的信号转导途径可以直观的为我们解释这一作用的可能机制。

3. CBF 介导的低温信号传导

在植物体内的逆境信号传导通路中（图 1－1），CBF 类转录因子是感受上游传递的逆境信号，并将信号向下游传递的重要调控因子，CBF 转录因子可以同时调控多个逆境诱导基因的表达，通过促使多个功能基因发挥作用，广泛地参与耐逆的生理生化过程，在增强植物适应和抵御逆境的过程中具有重要作用[124]。

有关转录因子 CBF 基因上下游调控的研究多是在模式植物中进行的，目前关于 CBF 调控的下游基因研究较多也比较清楚。

（1）CBF 调控的下游基因

CBF 与下游基因启动子区含有的 CCGAC 核心序列专一结合，进而调控这些基因的表达。已发现多种植物冷响应基因的启动子区含有此核心序列（如 COR15a[87]，COR78/RD29A/LT178[125] 和 KIN1[89] 等）。迄今，对 CBF 作用的下游基因研究以 COR 基因较多。研究发现，COR 基因编码的蛋白可以对其下游与渗透调节物质合成有关的多种基因的表达有激活作用，进而使细胞内可溶性糖（如蔗糖、果糖、葡萄糖、棉籽糖等）含量增加，植株的抗冻性增强；COR 基因表达的增强还会使脯氨酸和苏氨酸的水平升高，对膜和蛋白起间接的保护作用。另外，当植株受到冰冻胁迫时，其膜系统首先因冰冻而脱水，直接损害植物的非双分子层结构[126]，而 COR15α 能调控编码的 LEA 或 LEA 类多肽的表达，该类多肽具有 α-螺旋亲水区，定位于叶绿体中，既可以增强植株忍耐脱水的能力，也可直接作为抗冻多肽保持叶绿体被膜的结构[24]，从整体水平上增强了对低温伤害的抵抗能力。

正常温度下，几乎检测不到 CBF 基因的表达产物，在感受干旱或是低温的逆境信号时，CBF 基因被诱导表达，进而与 CRT/DRE 元件特异结合，激活下游 COR 耐寒基因的表达[127]；在非冷驯化条件下，CBF 超表达植株也能诱导启动子区域具有 CRT/DRE 核心序列的许多基因表达，抗寒能力的提高远远高于 COR15a 单基因的超表达，植物的抗冻性在整株水平上明显提高。所以 CBF 转录因子被认为是对于低温和水胁迫相关的多个基因具有分子开关作用[128]。这些结果都显示了 CBF 及其介导的冷诱导基因可能在植物抗寒中发挥着重要作用。

（2）调控 CBF 的上游基因

由于对 CBF 在低温诱导中的机制仍不是很确定，Gilmour 等[106]于 1998 年提出了一种模型，认为植物体内常温时还存在着一种转录因子，而低温可使其激活并识别 CBF 的启动子中存在的一个冷调控元件（ICE 盒），于是将这种未知的转录因子命名为 CBF 表达诱导物（inducer of CBF expression，ICE）。要证实这种关于 CBF 基因在低温诱导中作用模型的真实性，找到转录因子 ICE 和冷调控元件 ICE 盒（ICEbox）是解决这一问题的关键。随后，人们对"ICE 模型"的各种组成因子进行探索。

①ICE 基因

2003 年，ICE1 基因终于从拟南芥中被成功分离[129]，对该基因的后续研究中发现了 ICE 盒的存在，证实了 Gilmour 的推测。目前，关于 ICE1 基因的研究成果可以概括为以下几个方面。

ICE1 基因也是一种转录激活因子，ICE1 蛋白具有 MYC 转录因子家族特有的 bHLH（basic helix-loop-helix，碱性-螺旋-环-螺旋）DNA 结合域，DNA 结合实验表明它能与 CBF 基因启动子的 MYC 识别序列，即 Gilmour 推测的 ICE 盒结合。在整个 bHLH 基因家族中被编号为 bHLH116[130]，通过亚细胞定位发现 ICE1 蛋白位于细胞核内。把 ICE1 基因连上 CaMV35S 启动子后转入拟南芥，结果转基因植株的抗寒性明显增强。

对 ICE1 拟南芥突变体研究发现，ICE1 基因在抗寒性上的作用显著。生物芯片分析表明，该基因突变会导致拟南芥中 70% 以上的低温应答基因出现表达错误，植株的耐寒和耐冻能力大幅下降；ICE1 是 CBF3 的一个正调节子并且 ICE1 在冷诱导中起重要作用：ICE1 突变对 CBF3 表达的影响较大，对 CBF1 和 CBF2 影响较小，CBF 下游基因的表达量也减少，这表明 ICE1 是通过 CBF3 来调控 COR 基因的[131]。表达分析表明，ICE1 基因为组成型表达，常温条件没有活性，在常温下过表达 ICE1 植株的 CBF3 基因的表达量并没比对照株提高，但在低温下却比对照提高了，即 ICE1 蛋白在低温诱导下通过 bHLH 结构域与 MYCR/MYBR 元件结合，使其下游 CBF/DREB 基因被激活，表达的 CBF/DREB 转录因子再与 COR 基因启动子的 CRT/DRE（CCGAC）元件结合，随后诱导下游一系列冷诱导基因 COR 以及在植物寒冷适应中起作用的其他基因的表达[106,121,132,133]，使可溶性糖和脯氨酸含量等发生变化，达到提高植株抗寒性的最终目的[134]。但 ICE1 可能还以其他方式来调控与低温应答相关基因的表达：对 ICE1 突变体和野生型对照的转录组学研究显示[133]，ICE1 的缺失使近 50% 冷诱导基因不能被激活，其中，2/3 为转录因子，又有 9 个转录因子具有 ICE1 结合元件，5 个具有 CBF 结合元件，这一方面肯定了 ICE1 在低温表达调控中的关键作用，同时也认为 ICE1 的作用并不局限于 CBF/DREB 类转录因子，可能还有其他某种方式调控多个低温应答基因[134]。

②调控 CBF 的其他上游基因

LOS4（lowexpression of osmotically responsive gene 4）也是调控 CBF 的上游基因，编码一个含有 DEAD 盒的 RNA 解旋酶，对于 CBF 基因的表达有促进作用，在 LOS4-1 突变体等位基因隐性纯合的植株中，CBF 转录受到削弱或延迟[135,136]。

（3）ICE1 和 CBF 基因在抗寒性上的作用路径

在拟南芥中，由 CBF 基因介导的完整的信号调控分子路径如图 1-1 所示。表明在植物体中，低温逆境信号的传递可能存在多条路径，而这些路径形成了复杂的网络系统。植物对于低温的应激反应过程按先后顺序可分为低温信号感受、信号传导和转录调控等多个阶段。

①低温信号感受和跨膜转换

低温可以诱导膜的流动性及蛋白质和核酸的构象或代谢物浓度（特定的代谢产物或氧化还原状态）的变化，植物细胞就是通过这些变化感觉和传递冷信号的。如细胞膜通过质膜流动性和受体激酶、组氨酸激酶、磷酸酯酶、$Ca^{2+}$ 通道蛋白构象变化等感受低温信号。双组分信号系统的组氨酸激酶 Hik33 和 DesK 被认为分别是蓝细菌和细菌在低温下对不饱和脂肪酸相关基因表达进行调控的信号传递元件[137,138]。

G 蛋白是公认的感受低温的早期信号传递体。即低温条件下，细胞膜表面受体接受低温信号后，激活了位于质膜上的 G 蛋白，使低温信号实现了跨膜信号转换，进入细胞内，再通过胞内的信号分子（或第二信使）进一步传递和放大。

②第二信使

$IP_3$ 和 $Ca^{2+}$ 是胞内重要的低温信号传导的信使。低温条件下信号先后传递到细胞质膜和膜上的 G 蛋白，激活的 G 蛋白使质膜内侧的磷酸酯酶 C 表达增强，然后使 $PIP_2$（4，5-二磷酸磷脂酰肌醇）水解，产生重要的信号分子 $IP_3$（1，4，5-三磷酸肌醇）。$IP_3$ 在细胞内将低温信号进一步传递和放大。

　　$Ca^{2+}$ 一直被认为是胞内普遍存在的第二信使，许多环境刺激都会诱导胞内钙离子的增加，继而触发不同的生理反应。$Ca^{2+}$ 在冷信号传递过程中也发挥着同样重要的作用。胞外和胞内钙库的 $Ca^{2+}$ 在低温下通过钙通道进入胞质，引起胞质 $Ca^{2+}$ 浓度的增加，使得冷信号在细胞内部被进一步传递和放大。研究发现，对植物细胞低温处理 15s 后，其细胞质内 $Ca^{2+}$ 水平就出现了峰值[139]；对苜蓿冷驯化研究也表明，$Ca^{2+}$ 在其冷驯化过程中具有重要的调节作用，用 $Ca^{2+}$ 螯合剂和通道阻塞剂处理苜蓿悬浮细胞后，冷驯化特异基因 Casl5 和 Casl8 的表达就会受到抑制[140,141]；对低温损伤稻苗用 CaM 抑制剂 CPZ 部分抑制了 $Ca^{2+}$，使其 SOD 和 POD 酶活性增加，电解质渗漏率和 MDA 含量也减少，所以 $Ca^{2+}$ 系统具有通过调节原生质膜稳定性，最终增强细胞原生质体抗寒力的作用[142]。

　　$Ca^{2+}$ 还与 $IP_3$ 之间存在相互制约关系。在低温和其他非生物逆境条件下，细胞内增加的 $Ca^{2+}$ 浓度会激活磷脂酶 C，进而催化 $IP_3$ 的合成；而 $IP_3$ 可以激活钙离子通道，增加细胞内的 $Ca^{2+}$，这也体现了逆境信号转导通路的复杂性。

　　$Ca^{2+}$ 信号系统主要包括 $Ca^{2+}$ 运载蛋白、CaM（钙调蛋白）、依赖 CaM 的酶和依赖 $Ca^{2+}$ 的蛋白激酶（CDPK）组分，这些组分经过多条下游通路调节细胞产生不同的生理反应。其中由钙调蛋白（CaM）和蛋白激酶偶联使下游发生一系列以蛋白质磷酸化和去磷酸化为主要方式的信号传递被认为是最重要的路径[143]。例如 Monroy 等[144]对冷驯化的苜蓿研究发现：钙信使先调节蛋白质磷酸化，然后才诱导冷驯化基因表达，最后提高了细胞的耐冷性。虽然有关钙信使系统的研究成果很多（低温等逆境下介导基因表达的调控、蛋白或酶活性的调节、参与 ABA 的信号传导和活性氧的产生等生理过程，最终增强植物适应性），但低温逆境下钙信号的产生以及其如何向下游传递信号的机制还有待于进一步研究。

③脱落酸（Abscisic acid，ABA）

ABA 之所以被称为胁迫激素，是由于植物在低温等非生物逆境胁迫下，体内的 ABA 含量都急剧上升，恢复后其含量又大幅度下降。研究表明，ABA 在植物体内的积累与抗逆性增强呈显著正相关关系[145]。早在 1979 年 Rikin[146] 等基于 ABA 能提高根的透性和选择吸收能力而提出 ABA 与植物的抗寒性有相关性的观点；对低温胁迫下大麦研究发现[147]，其内源 ABA 含量的不断升高与抗寒性有着直接的关系，低温驯化前后的抗冻性可能也是由内源 ABA 决定的；对拟南芥的研究[148]显示，内源 ABA 在 4℃/2℃低温处理后增长了 3 倍；低温处理下的 ABA 缺陷型突变株会受到冷害；对 ABA 不敏感型突变株施加 ABA 不能诱导冷驯化；对棉花、苜蓿、油菜、黄瓜、小麦和水稻等植物研究都证实，外源 ABA 对其抗寒性有诱导作用；ABA 结合蛋白（ABA-BP）低温胁迫下与 ABA 结合活性提高，有利于感知和传递低温信号。

总之，很多研究表明 ABA 与低温信号传导有重要的关系，低温胁迫诱导的 ABA 合成主要有两方面的调控功能：诱导冷诱导基因的表达，促使新的抗冻蛋白合成；促进气孔关闭，维持水分平衡以减轻逆境伤害。目前，已发现可为外源 ABA 诱导表达的基因有 150 多种。于是，根据低温下被诱导的基因与 ABA 有无依赖关系而分为 3 类。

第一类：在信号传导中依赖 ABA 参与才能表达的基因。如 rabl8 和 lti65 在拟南芥突变体 abal 和 abil 中，都表现为冷诱导受阻，表明这些基因的表达受 ABA 调节。

第二类：冷诱导下不依赖 ABA 参与就能表达的基因。如 lti140 和 lti78 的表达就不受 ABA 缺失的影响。

第三类：受 ABA 和低温共同诱导而表达的基因。如拟南芥基因 Cor 6.6 和 Cor 47 的低温诱导表达量在突变体中只有野生型的一半，ABA 处理能增强这些基因表达[149]。

除此，如活性氧（ROS）等在细胞信号传递过程中可能也起着第二信使的作用，ROS 在细胞内过量积累时会使细胞膜质发生过氧化和破坏细胞结构[150,151]；但它也有着积极的一面，即作为细胞内信号物质来诱导抗氧化物质和保护物质的产生[152]；也可作为 ABA 调节下游基因表达的媒介，甚至可以调节 ABA 的生物合成，参与 $Ca^{2+}$ 激活的下游级联信号[153]。

④第二信使下游的信号转导路径

胞内的第二信使接收到信号后，据其向下游传递产生的信号和产物及作用的形式不同而形成了不同路径。第二信使下游的信号途径可以归纳为：MAPK、CDPK、SOS3/SCaBP 三种典型路径[154]。不同时间和不同空间可能起主要作用的信号途径也不同，调控的基因表达和产生的生化代谢产物也不同。如 MAPK 途径产生的主要是一些抗氧化类物质；CDPK 途径多产生与耐渗透胁迫相关的物质（如 HVAl 和 CBFl 等）[155]；而 SOS3/SCaBP 途径主要调控参与离子运输类蛋白相关基因的表达，该途径的传递体 SOS2/PKS 也具有参与介导 CDPK 途径的作用，而 MAKP 和 CDPK 两种途径也可能相互转化。

⑤ICE 与 CBF 介导的信号传导路径

由以上阐述可知，从植物对低温信号的感受到每一次信号的传递和级联放大，再到最后细胞对低温产生的应激反应，都可能是由多条不同的信号传导路线完成，这些路径彼此交叉组成了一个复杂的系统的信号传导网络。也就是说，在植物低温信号传递过程中，调控基因表达的转录因子也可能来自于不同家族，调控的靶基因也可能是不同的，但都可以产生使植物获得抗寒性的特定生理反应。但对冷驯化拟南芥的一系列已知的研究结果表明，低温信号虽然可以激活在时间、空间和结果上都可能不同的多种信号路径，但经由 ICE1 到 CBF 再到 COR 基因表达的信号传导仍是目前最主要信号通路[156]。在这条信号代谢路径中，主要的信息传递过程大体如下：

首先细胞质膜上的 G 蛋白与其调控产物 $IP_3$ 构成了 CBF 基因上游的早期调控物质。如上所述，低温信号会促进 $IP_3$ 的产生，$IP_3$ 通过调控胞内的 $Ca^{2+}$ 的增加，再把信号传递给 CDPK 途径。其次低温诱导表达基因 RD29A、KIN2、RD22 等的诱导水平随着胞内 $IP_3$ 水平的减少而明显受到抑制，即 $IP_3$ 的含量与耐寒性是呈正相关的；而 FRY2 和 FRYl 两个同源转录因子通过调控 $IP_3$ 而抑制下游信号的传递，成为该路径中的负向调节因子。这一结论来自于对 ryl 突变体的研究，当 FRYl 基因缺失后 $IP_3$ 的降解减少，ABA 诱导的野生型植株的 $IP_3$ 含量仍低于 fryl 突变体，说明 FRYl 是参与 $IP_3$ 降解的关键基因。

MYB15、ICE1、HOS1 和 SIZI 直接参与了对 CBF/DREB1 的调控表达[129,131,158]，其中 MYB15 和 HOS1 被认为是低温应答路径中的负向调节因子；ICE1 和 SIZI 与之相反，是正向调节因子。首先，MYB15 编码的蛋白因能识别并结合于 CBF/DREB1 启动子区内的特定序列而抑制其表达，但是，这种结合作用需要 MYC 类转录因子参与；而 ICE1 因能直接结合于 MYB15 启动子或间接作用于其下游基因以减弱 MYB15 在低温信号传导过程中的表达，而成为该路径中的正向调节因子[131]。然而，ICE 基因在正常生长温度下呈非活化状态，在低温时需要先活化才能刺激 CBF/DREB1 基因的转录，研究推测 HOSl 可能控制着 ICE 状态的转变[158]。HOSl（highexpression of osmotic stress-regulated gene expression 1）基因在拟南芥中为组成型表达，该基因突变会使低温下 cor78、cot47 等冷冷调控基因出现超诱导表达[106]，进一步研究显示该基因的表达产物具有泛素 E3 类连接酶活性，可能通过泛素化（ubiquitination）途径降解 ICE1 转录因子，使 CBF 及其下游冷诱导基因表达受阻[158,159]，而成为低温信号传导路径中的负调控因子。SIZI 表达产物是类泛素蛋白（small ubiquitin-related modifier，SUMO）E3 连接酶，可经由类似泛素化的过程与 ICE1 蛋白上特定的赖氨酸残基形成共价键，修饰了 ICE1 蛋白，抑制了该蛋白的泛素化，增强了低温下 ICE1 蛋白的稳定性，抑制 MYB15 的表达的同时又诱导 CBF3 的表达[160]。另外，由于 CBF3 转录产物在 ICE1 突变体中几乎没有积累，受 CBF3 调控的部分下游基因表达和植株耐寒能力都降低[129]，说明在 CBF3/DREB1A 的调控表达路径中，ICE1 比 CBF3 能更早地感受低温信号，对植物耐寒能力的提高至关重要[161]，而 HOS1 和 MYB15 为该信号路径的负向调控者，MYC 类转录因子 ICE1 和 SIZ1 为正向调控者。

从低温信号传导路径可见，低温对 CBF/DREB1 基因家族不同成员的调控机制可能也不尽相同。对低温下 ICE1 突变体的研究表明[133]，其 CBF1 的表达量与野生型相同，CBF2 的表达量在处理前期较低，但后期却比野生型高，CBF3 是不表达的，同时 CBF 调控基因中 RD29A、COR15A 和 COR47 基因的表达量显著下降，但 KIN1 的表达却与野生型相同；当 CBF2 基因突变时，突变体中 CBF1 和 CBF3 表达量比野生型增加，耐受低温能力增强[162]；又有研究认为，CBF2 被诱导表达的时间比 CBF1 和 CBF3 稍晚，因此 CBF2 的表达水平可能是通过 CBF3 调节的[94]；据在 CBF2 中鉴定的与低温应答有关的不同 MYC 元件分析，ICE1 蛋白结合位点可能是 CACATG 序列，但是，ICE1 突变体在低温下对于 CBF2 转录产物影响不大[163]。由上述推测，不同 CBF/DREB1 基因家族成员的调控是相对独立的，CBFs 所调控的 CRT/DRE 基因可能有所不同；CBFs 互相之间可能存在负调控作用。目前，对 CBF 基因家族不同成员间的相互调节及各自在低温中的诱导作用还有待于进一步深入研究。

ABA 在低温信号传导中的作用机制目前还不是很清晰。但在 ICErl 基因启动子中的 CACGTG 回文序列被证实是 ABA 的响应元件，表明含有 ICErl 顺式作用元件的基因还受到第二信使 ABA 的调控[164]，而 ICErl（TTCACACGTGACTC）正是 CBF 家族基因启动子区的一个顺式作用元件，与冷调控基因的表达有关[163]，这表明 CBF 所接收的上游信号不只来自 $Ca^{2+}$ 参与的 CD-PK 一条途径，也来自受 ABA 介导的信号途径，还有可能是多种不同信号途径间交叉来共同调控 CBF 基因的表达。研究不同 CBF 家族成员发现，CBFl、CBF2 和 CBF3 的上游信号传递可能是不依赖于 ABA 途径的，而 CBF4 的表达需要干旱和 ABA 诱导，不被低温诱导[165]。

对低温胁迫下的拟南芥突变株研究表明，依赖 ABA 和不依赖 ABA 的信号传导途径可能存在着交叉转导作用[166]。ABRE（ABA-responsive element）是依赖 ABA 的信号传导所需要的顺式作用元件，ABRE 虽然多种多样但其核心序列都含有 G-box ACGT，能与 bZIP、MYB 或 MYC/bHLH 等 DNA 结合蛋白的特定结构域结合，进而发生相互作用。随后研究发现，ABRE 与 DRE 调控元件同时存在于低温诱导 RD29A 基因的启动子中[167]，两者在该基因的诱导表达中也存在相互依赖的关系。因此，依赖于 ABA 和不依赖于 ABA 的信号传导途径可能不是完全独立的，存在某种互补交叉或其他复杂的联系。

尽管关于 CBF/DREB 的低温信号传导途径的研究成果越来越多，但有关 CBF 和 ICE 等转录因子的认识还不够全面，对其详细功能和信号传导途径的理解和把握还不够完善，这是一项长期而复杂的工程，但随着对不同物种以及不同逆境机理研究的积累，相信该信息传递和传导的代谢路径会越来越清晰。

### 三、CBF 和 ICE 转录因子基因对植物抗寒性的改良

在转录因子基因分离以前，通过分子手段将单个的功能蛋白基因导入植物成为提高植物抵抗逆境能力的主要途径，这种做法在一定程度上改良了植物的抗寒性，但是，提高幅度不大[168]。这是由于植物的抗寒性是一个数量性状，需要多个基因共同参与得以完成，而个别的抗寒基因对植物的遗传改良效果不显著自然就是情理之中的事，因此，当 CBF 等转录因子一经发现就被给予极大关注，对其开展研究与应用为植物的抗寒性育种打开了一扇全新的高效的技术研究之门。

自从 CBF/DREB 转录因子被克隆开始，很快从多种植物中分离出 CBF/DREB 转录因子基因，并将其转入多种植物中。如将拟南芥的 CBF1 转入番茄[169]和草莓[170]中，转基因植株的耐冷性都显著提高；拟南芥的 CBF3 基因过量表达时，其脯氨酸和总糖含量，还有抗寒能力都升高[121]；将玉米泛素启动子（Pubi）调控的 CBF1[171]和棉花中的 CBF1 基因[172]分别转入烟草，转基因烟草的耐冷性被提高；以拟南芥 CBF3 基因导入玉米[173]、以 OsCBF 基因转化水稻[174]，以及超表达 CBF3/DREB1A 的拟南芥，这些植株的抗寒、抗旱和抗盐等能力都被提高。因此认为，CBF/DREB 转录因子可能不只对 CRT/DRE 基因进行调控，可能还以不同方式和途径调控其他与耐逆相关基因的表达。对多种转 CBF 基因的植物的研究都表明，低温诱导使 CBF 基因迅速被激活，随即启动了一系列的抗寒相关基因的表达，大幅度地提高了植物的抗寒性。而且，CBF 基因家族的成员对提高植物抗寒、抗旱及抗盐能力方面也有很大作用[121]，这也似乎告诉我们关键的转录因子对提高植物综合抗性非常重要。因此，ICE1 的发现无疑为植物抗寒性育种增加了更多活力和希望，目前，关于 ICE 的研究并不多，仅从拟南芥、芥菜、甜菜和小麦等植物中分离到

ICE1 基因，在水稻、玉米、大豆、棉花、马铃薯和油菜中也发现了其同源序列[161,175~177]。将 ICE1 基因转入拟南芥，其耐寒能力显著高于对照；黄文功等[178]将拟南芥 ICE1 基因转入烟草，其抗寒性也明显提高。

由于转录因子调控着成簇的与抗性相关基因的表达，能有效提高作物的抗逆能力，因此，在抗逆育种中的应用有着巨大的潜力而备受关注，对耐逆性的研究重点也从功能基因转到启动子顺式作用元件和转录因子及其调控机理上[179]。

需要指出的是，上述的低温信号传导机理的阐述主要是围绕 CBF 介导的路径展开的，在植物体内也存在着不依赖于 CBF 转录调控的低温应答机制。如对低温诱导的组成型突变体（无论是否经低温锻炼，抗寒性都比野生型高）ESK1 研究发现，ESK1 基因突变导致脯氨酸积累，缓解低温对植物的伤害，但却不影响 CBF 及下游 COR 基因的表达；MYB 转录因子也会被低温诱导，拟南芥的 MYB 基因 HOS10 的突变增强了 COR 基因的表达，影响了植物对低温的敏感性，但不影响 CBF 的表达模式[180]，这些研究说明植物中还存在不依赖 CBF 的低温信号传导路径。

## 第五节　桃的冷害和抗冷性研究

### 一、桃概述

桃［*Prunus persica*（L.）Batseh.］是蔷薇科（Rasaceae），李属果树，据古文献记载和科学考证确认桃原产于中国，起源中心就在中国西部。桃在我国已有 4000 年栽培发展历史，《诗经》《山海经》《尔雅·释木》和《本草纲目》《群芳谱》等书，都从不同角度对桃品种类型、树性、适栽地域、加工、医药应用等方面做了详细记载，因此，桃在我国的栽培和发展基础是深厚而久远的。

从古至今，桃以五果（桃、李、杏、枣和栗）之首深受人们的普遍喜爱。桃果色泽艳丽，桃肉柔软多汁，入口留香，好消化，好吸收，是童叟皆宜的佳果。桃果除富含碳水化合物和蛋白质，还含钙、磷、铁等矿物质及胡萝卜素、硫胺素、核黄素外，同时还被称为零钠、零脂肪、零胆固醇并且富含维生素 B 和维生素 C 的水果[181]；此外，还含有人体不能合成的多种氨基酸，这些营养成分对人体都具有良好的营养保健价值。桃亦具有医疗保健作用，中医认为，桃肉味甘酸、性温，有生津、活血、消积的作用，可解烦止渴、去暑祛热、通二便，可预防便秘、肝脾肿大[182]，古代医书皆记载有：桃有健身益气之功效，经常食桃能润皮肤，养颜色，有益健美。因此，桃自然就成了我国人民喜爱的传统夏令水果之一。

桃树生长健壮，对土壤、气候适应性强，同时桃树结果早，收益快，管理方便，易获丰产。因此，桃在果树生产中占有重要的经济地位。另外，桃仁中含油达 45%，可以榨取工业用油。桃树因其树姿、花形、花色等的多姿多彩而被用于环境绿化和美化，增进人们身心健康。数千年以来，桃树已作为一种文化在中国源远流长，"桃李不言，下自成蹊""去年今日此门中，人面桃花相映红"等这些文学佳句将人们的内心与桃紧紧相连，古人还常以桃树的兴衰与国家的兴衰、个人的兴旺相连，可以毫不夸张地说，桃是中国文化的一朵奇葩。

总之，发展桃产业，对于经济的繁荣、市场的丰富和人民物质、文化生活水平的提高、增进身心健康等均具有重要的意义。

## 二、低温对桃树生长发育的影响

我国的桃种质资源丰富，分布广泛，其经济栽培主要在北纬 25 ~ 45℃[183]。桃原产于我国西北地区，其典型的大陆性气候使桃树形成了喜光、耐旱和耐寒的特性。尽管如此，在耐寒性的温带果树中桃树仍属耐寒性较弱的一种。特别是西北干寒地区，冬季持续低温时间长且春秋季气温不稳定，常常使桃树植株遭受冷害，严重时造成植株的死亡。

1. 温度对桃不同发育时期带来的影响

桃的物候期可以分为发芽期、开花期、果实成熟期和落叶期。不同物候期对温度的要求不同。在桃的冬季休眠期满足一定量的低温，是其在翌年的正常萌芽生长和开花结果的保证，其有效低温一般在 0 ~ 7.2℃（不包括0℃）间累积需冷量达 750 ~ 950h[184]。在休眠期当气温低于 - 18℃时花芽受害，在 - 25 ~ - 23℃时桃树受冻，低于 - 27℃时整株冻死。根系在土温降至 - 11 ~ - 10℃时也会遭受冻害[185]。

影响坐果率的最主要因素就是花期的温度，此时期温度高，发芽快，就有利于受精，桃最适开花温度为 12 ~ 14℃，授粉温度在 22.5℃以上。此期花蕾能耐 - 3.9℃、花朵能耐 - 2.8℃低温，幼果在 - 1.1℃即受冻。可见，春季低温霜冻成为这一时期的主要不利气候因子，温度越低，开花持续的时间越长，果实成熟期越不整齐，严重时可影响产量 2 ~ 3 成[185,186]。果实发育期也需要一定的高温。桃生长期月平均温度在 24℃以上，果实膨大期日平均温度在 25 ~ 30℃、成熟期在 28 ~ 30℃，则桃的品质和产量达最佳。由此可知，不同发育时期对温度的需求不同，温度过低不但影响桃的品质和产量，还会影响植株的生长和发育，甚至对植株造成伤害。

2. 低温对桃的伤害

低温会给果树带来冷害、冻害、霜害和雪害等。其中对果树的威胁最大的是冻害。桃树的冻害可以发生在主干、枝条、根颈和干基、还有根系和花芽等部位。

桃树品种间和不同器官间的抗寒力均有差异。多数品种整体

能抵抗 $-15$℃的低温，个别品种（如新疆地方品种）能忍耐 $-20$℃以下的低温。休眠期的花芽能耐 $-18$℃低温，低于 $-27$℃时大部分都会被冻死，但在休眠结束后如果气温骤然升高，因花芽内生理代谢变快而耐寒力明显下降，温度稍低就有受冻的危险，尤其休眠不稳定的品种更易受害。桃根系耐寒力更弱，严冬最高能耐 $-11\sim-10$℃的低温，早春后抗寒力又迅速下降，$-9$℃就会遭受冻害。其根系受冻后常可正常开花和展叶，受冻轻者当年出现生长衰弱、落果严重、果实发育不良并伴随较重的流胶和其他病害发生，数年后死亡。受冻重者当年就会死亡。桃的根颈部位也易受冻，且受冻后还易产生轮状病害。最后，桃树新梢和幼枝或幼树茎尖部位因持续生长时间长和组织成熟不充分而易受冻，轻者皮层破裂的缝隙小，回暖后也可愈合；重者，裂缝大而不易愈合，进而腐烂直至主枝死亡。

综上，桃树为多年生植物，其一生要经历多次春夏秋冬四季变换的考验，而低温的威胁也不止一次的与其生长发育相伴，如入冬后的气温一旦低于桃树的临界温度就会发生冻害；冬春的忽冷忽热使温度变化幅度过大，也会给桃树的安全越冬带来不利影响；还有早春温度变化无常常使花芽和树体受冻。尤其近年来世界范围内极端天气的频繁发生，使这些低温伤害发生的频率和程度都增加，这已严重威胁到了桃树的发展和生长。

## 第六节　本研究的目的和意义

低温不但限制了桃树在我国北方地区的分布，而秋冬和早春的冷害也已经严重影响了目前已有的栽培区域的桃树的生产和发展，成为桃树产业发展的主要限制环境因子之一，因此，培育出对低温胁迫抵抗力强的桃树品种已成为目前桃育种工作者共同的迫切的目标之一。由于桃为多年生树木，传统的育种方法因周期长，针对性差，见效也慢，而基因工程刚好弥补了这些不足，为桃育种提供了一个新的高效的途径。以往，更多的关于果树基因工程研究主要集中于对单一的与逆境相关功能基因的分离和转化，近年来，逐渐意识到植物对低温和干旱等逆境的抵抗能力不是由某个单一基因调控，而是受多基因共同调控的数量性状。

CBF 和 ICE 两个转录因子是植物在低温信号转导过程中的关键调控因子，它们可以调控许多与冷诱导相关的功能基因的表达，因此，通过增强这些关键的调节因子的作用就可能使植物的抗冷性得到大幅度的、综合的和根本性的改良。本研究的目的，旨在从生产中主栽的多个桃品种，包括抗寒性等综合性状优异的品种中分离克隆 CBF 和 ICE 两个转录因子基因，希望从中能寻找到不同品种抗寒性差异的分子机理；并在此基础上，通过分子生物学和转基因技术进一步研究两者的功能以及它们之间的表达调控关系，为桃的抗寒性机制研究和抗寒性育种提供更丰富的相关基因资源和调控信息。

# 第二章

# 桃CBF和ICE转录因子基因的克隆和序列分析

## 第一节 引言

CBF（C-repeat binding factors）和ICE（inducer of CBF expression）基因都属于转录因子，是低温信号传导过程中的关键转录因子，而且两者间还存在一定的互作关系。它们在信号传导过程中接收由上游传递来的信号，再将其向下游传递，对下游基因的诱导表达有重要的调控作用，即通过下游多个基因的协同作用，促使多个功能基因发挥作用，使耐逆的生理生化过程的多个指标发生变化，从而增强了植物对多种逆境的适应和抵御能力[116,124]。植物对低温的信号传导是个复杂的网络系统，存在多条通路，但目前研究还是认为，ICE1-CBF-COR冷反应代谢路径是最主要的信号通路[156]。在低温下，体内被激活的ICE1基因会刺激CBF/DREB基因表达，然后CBF/DREB转录因子再与COR基因启动子的CRT/DRE（CCGAC）元件结合，调控下游COR冷诱导基因和在植物寒冷适应中起作用的一系列其他基因的表达，使植物抗寒性得到较大幅度提高。

科研工作者对植物抗寒性研究一直没有间断过，但早期的研究主要集中在植物遭寒害的细胞形态结构、生物物理、生物化学等方面[34,187,188]。近年来，随着全球气候逐渐变暖，极端天气出现的频率和强度都在明显的加大，给农业生产带来了巨大的损失，因此，对大田农作物已经加快开展抗寒性机理研究和抗寒品种选育工作的步伐，尤其随着分子生物学技术的迅猛发展，寒害研究已经深入到分子水平，极大的促进植物抗寒基因工程的发展。相对于大田作物而言，果树为多年生木本植物，取材和材料处理等都受季节等因素限制，对于寒害的研究也相对落后，尤其在分子水平方面的相关研究起步更晚，成果寥寥。然而，在目前的环境中，低温冻害给我国的北方落叶果树和南方常绿果树造成的伤害和损失也在日渐严重，这已经是不争的事实，所以，对果树抗寒机理的研究和抗寒品种筛选的工作已经迫在眉睫，成为果树生产和科学研究的主要课题之一。

桃是五果之首，是从古至今一直备受人们喜爱的佳果。然而近年来的异常温度给桃树的生产和生存带来了很大威胁和伤害。如在年底入冬以后，常出现超过桃树临界温度的低温，致使桃树冻害多发；冬春出现气温的忽冷忽热，桃树的安全越冬受到影响；早春气温上升过快使枝芽提早活动，然而夹杂气候变化无常的低温必然使花芽及嫩枝受冻；春季雨水常常较多，枝叶出现徒长，充实度降低，树体抗寒性必然降低。可见，加大桃树的抗寒性步伐已势在必行。虽然科研工作者们从未间断对关于桃树抗寒性方面的研究，但研究层面仍然以传统杂交育种和选种等方法居多，虽然获得了一些较好的品种，但育种进程长，育种目标性状存在不确定性等缺陷。近年来，随着基因工程技术在耐逆性研究中的广泛应用，为植物的抗寒育种注入了新的活力。尤其是从转录因子 CBF 的发现开始，加快了植物抗寒性机理研究和性状改良的步伐。因此，本试验综合生产中推广较多的品种在生产中的抗性性状表现，选定 16 个不同桃品种为试材，对目前在植物体内的低温信号传导通路中已知的两个重要的转录因子 CBF 和 ICE 基因进行分离，对多品种的 CBF 和 ICE 基因序列进行相关的生物信息学分析，包括核苷酸序列比对，氨基酸序列预测，同时对其可能表达的蛋白进行预测和分析等，以期获得更多关于桃 CBF 与 ICE 基因在品种之间的差异信息，从分子水平解释抗寒生理和基因表达差异发生的原因。寻找桃不同品种抗寒性差异在分子生物学方面的证据，充分挖掘桃抗寒性资源，为桃抗寒性育种工作提供遗传基础。

## 第二节　试验材料、试剂和仪器

### 一、试验材料

本试验所用实生毛桃采自河南农业大学果园；而其他品种是根据高压脉冲电场对不同桃品种果实品质变化的预试验研究[189]（见附录七），并结合生产中不同品种树体的抗寒性差异等特性选出的，这些品种包括锦霞、丹墨、大久保（日本）、B8632 实生（美国）、金秋、香峰（日本）、新泽西州 76 号、三台肉桃、寒露蜜、9618、81715（明星×阳泉肉桃）、早金、端玉（特早熟）、白芒蟠桃、早露蟠桃和意大利 3 号 16 个品种（这些品种均采自山西省农业科学院果树研究所桃资源圃）。选取生长健康的桃树幼嫩叶片两份，一份置于密封袋，冰盒带回实验室，于 4℃下处理 1~2d 后进行基因组 DNA 的提取；另一份，装入 1.5ml 离心管中，液氮速冻，-80℃冰箱保存，用于 RNA 的提取。

### 二、试验所需的菌株、载体和感受态细胞

试验所用大肠杆菌（*E. coli*）菌株为 DH5α，酵母菌株是 yWAM2；克隆载体用的是 pGM-T Vector；酵母单杂用质粒：pPC86 Vector 和 pRS315 HisVector。

### 三、主要化学试剂

DNA Marker、DNase I（RNase-Free）、dNTP、M-MLV 反转录酶、RNase 抑制剂、PolyA、DEPC 等购自 Takara 生物技术公司；DNA 回收纯化试剂盒购自原平皓生物技术有限公司；TaqDNA 聚合酶、植物总 RNA 提取试剂盒 Trizol、限制性内切酶、T₄DNA 连接酶购自大连宝生物工程有限公司；氨苄青霉素（Amp）、羧苄青霉素（Carb）和琼脂糖等购自 Sigma 公司；酵母提取物（Yeast Extract）购自上海生工生物技术有限公司。试验中所使用的引物均由上海生物工程股份有限公司合成；所需要进行的序列分析由北京六合华大基因公司进行测序。其余常规药品均为分析纯级。

RNA 提取中所用试剂均为新购分析纯试剂，溶液配制所用 0.1% DEPC 水（ddH$_2$O 中含 0.1% DEPC，V/V，37℃过夜处理 12h）经高压灭菌处理，研钵、量筒、试剂瓶等玻璃器皿于 200℃处理 6h 以上，塑料制品等用 0.1% DEPC 水于 37℃浸泡 12h 后高压灭菌，烘干后置于专用试剂柜中备用。塑料制品等也可用 0.5mol/L NaOH 溶液浸泡 10～30min，蒸馏水冲洗 2～3 遍后高压灭菌。所用枪头和枪盒均为进口。

### 四、主要仪器设备

电热恒温水浴锅、恒温箱、微量移液器、枪头、高速冷冻离心机、普通台式离心机、离心管、Biometra T3000 型 PCR 扩增仪、北京六一仪器厂 DYY-7C 型电泳仪、MDF-U4086S 超低温冰箱、凝胶成像系统 A18、PB-10 型精密 pH 值计、ND-1000 型紫外分光光度计，恒温振荡器 THZ-C-1。

# 第三节 试验方法

## 一、桃基因组 DNA 和总 RNA 的提取与检测

1. 桃基因组 DNA 的提取与检测

（1）桃基因组 DNA 提取

参照宋艳波等[190]"改良 CTAB 法在核桃叶片基因组 DNA 提取中的应用研究"对桃叶片基因组进行了提取，其试验过程如下：

①试剂配制

a. 3% CTAB 裂解液：100mmol · $L^{-1}$ Tris-HCl（pH 值为 8.0）、20mmol · $L^{-1}$ EDTA（pH 值为 8.0）、1.4mol · $L^{-1}$ NaCl、3% CTAB（M/V）。

b. 提取缓冲液：0.7mol · $L^{-1}$ NaCl、0.4mol · $L^{-1}$ 葡萄糖，3% 可溶性 PVP（M/V）。

c. CTAB/NaCl 溶液：0.7mol · $L^{-1}$ NaCl、10% CTAB（M/V）。

②提取过程

a. 研钵用液氮充分预冷，桃叶片去除中脉，迅速撕成小块放入装有液氮的研钵中，加 0.1%~1.0% PVP，研成粉末状后，放入 2ml 离心管，迅速加入 1.2ml 65℃ 水浴预热的裂解液，再加 60μlβ-巯基乙醇，摇匀。65℃ 水浴 5min 后，常温（以下离心均为常温）下 10 000r · $min^{-1}$ 离心 10min。

b. 弃去上清液，加入 1.2ml 提取缓冲液和 60μlβ-巯基乙醇，摇匀，静置 10min，10 000r · $min^{-1}$ 离心 10min。

c. 弃去上清液，加入 1.0ml 预热的裂解液和 20μlβ-巯基乙醇悬浮沉淀，65℃ 温浴 1h，其间每 20min 颠倒混匀 1 次。

d. 水浴后，加入 250μl 的无水乙醇，混匀，再加入 250μl 氯仿/异戊醇（24/1，体积比），颠倒混匀，静置 10min，12 000r·min$^{-1}$离心 15min。

e. 取上清液，加入 1/10 体积预热的 CTAB/NaCl 溶液，混匀后再加等体积的酚/氯仿/异戊醇（25/24/1，体积比），慢慢混匀，静置 10min，12 000r·min$^{-1}$离心 15min。

f. 取上清液，再加入 1/10 体积预热的 CTAB/NaCl 溶液，混匀后加等体积的氯仿/异戊醇（24/1，体积比），缓缓混匀（颠倒），静置和离心同 e。

g. 取上清液，加入 1/2 体积的 5mol·L$^{-1}$NaCl 溶液，混匀后加入 2 倍体积 -20℃ 预冷的无水乙醇，混匀，-20℃ 静置 30min；离心同 e。

h. 弃上清液，用 75% 乙醇洗沉淀 3 次，室温风干 2h 左右，加入 550μl 无菌水，充分溶解，再加等体积的氯仿/异戊醇（24/1，体积比），混匀，离心同 e。

i. 取上清液放于 1.5ml 离心管，加入 1/10 体积 3mol·L$^{-1}$NaAc（pH 值为 5.2）溶液和 2 倍体积 -20℃ 预冷的无水乙醇，混匀，-20℃ 放置 30min 或更长；离心同 e。

j. 弃去上清液，用 75% 乙醇洗涤沉淀 2~3 次，室温风干 2h 左右，溶于 30μl 无菌水中，-20℃ 保存。

（2）桃基因组 DNA 的检测

用 1×TAE 配制 1.0% 的琼脂糖凝胶，点样，于 5V·cm$^{-1}$稳定电压下电泳，经 1μl·ml$^{-1}$EB 溶液染色后，全自动凝胶成像分析系统观察、拍照，并对基因组 DNA 做质量检测。

2. 桃总 RNA 的提取与鉴定

（1）桃叶片总 RNA 的提取

桃叶片总 RNA 的提取采用 Trizol 法，Trizol 是目前常用的一种比较高效的总 RNA 抽提试剂，因其含异硫氰酸胍等物质，不但能迅速裂解植物细胞，关键是还能抑制细胞释放出的核酸酶，所提取的 RNA 通常完整性好，纯度也高，但对桃叶片提取总 RNA 时需要适当改良，方能顺利进行下一步的试验操作。

①取研钵、杵子、小钢勺和离心管

先于液氮中预冷后，取 0.2g 桃叶片，液氮下于研钵中快速充分研磨成白色粉末，用小勺将上述粉末加入装有 1ml Trizol 试剂的离心管中，剧烈振荡直至液体呈棕褐色（注意放一或两次气，防止离心管盖子弹开），冰上放置 5min；12 000rpm 离心 10min（所有离心均在 4℃进行）。

②取上清液

加入 200μl 氯仿，涡流振荡 15s，冰上放置 5min。

③13 000rpm 离心 15min

离心后看到液体分为 3 层：上层无色水相（含 RNA）体积约为所用 Trizol 试剂的 60%。

④将上层水相慢慢地吸至一新离心管中（切勿吸到中间层或下层）

加入 1/2 体积的异丙醇（预冷）和 1/2 体积的 4mol·L$^{-1}$ NaCl（预冷），室温放置 10min；13 000rpm 离心 15min，沉淀就是 RNA。

⑤弃上清液

向沉淀中加入 150μl DEPC 处理水及 150μl 酚：氯仿：异戊醇（25：24：1）室温抽提 5min。

⑥13 000rpm 离心 15min

上清液转至新离心管中，再加 2.5 倍体积的无水乙醇（预冷）和 1/10 体积 3mol·L$^{-1}$ NaAc（pH 值为 5.2），混匀，−20℃沉淀 1h。

⑦弃上清液

沉淀用 1ml 75% 乙醇（预冷）洗 2 次。

⑧10 000rpm 离心 5min

弃上清，超净台上晾干（大约晾 5 ~ 10min）后，溶于 25μl DEPC 处理过的水中，-80℃保存备用。

（2）桃总 RNA 的鉴定

①桃总 RNA 完整性检测

取 2μl RNA 提取液与 1μl 6 × Loading buffer 上样缓冲液混合均匀，在 0.8% 普通琼脂糖凝胶上电泳分离，135V 恒压电泳 15min，EB 染色，在紫外灯下观察 RNA 并记录实验结果，根据 28S，18S、5S 条带的清晰度和相对含量评估总 RNA 的完整性。

②桃总 RNA 浓度及纯度的检测

取 2μl RNA 样品加新鲜 DEPC 水稀释 25 倍，以 DEPC 水为空白对照，采用 ND-1000 型紫外分光光度计检测样品 $OD_{260}/OD_{280}$ 和 $OD_{260}/OD_{230}$ 比值以估测 RNA 质量。

## 二、PCR 扩增及其产物的检测

分别以梨树 CBF 基因（AEG64738）和葡萄 ICE 基因（XP_ 002264407）的氨基酸序列为信息探针，搜索 GenBank 数据库中的桃树的 EST 数据，并根据高度同源的 EST 序列体外拼接桃树的 CBF 基因和 ICE 基因，进而根据拼接引物分别设计 CBF 特异引物 S001PpCBFf0/S002PpCBFr0，以及 ICE 基因的特异引物 S003PpICEf0/S004PppICEr0，采用 RT-PCR 扩增获得桃 PpCBF 基因和 PpICE 基因。

1. RT-PCR 及 PCR

（1）RT-PCR 扩增，即 cDNA 第一条链的合成

为了保证克隆的片段来自于 RNA 的转录水平，排除基因组中的 DNA 是必要的，因此，在反转录反应前先对所提取的 RNA 去除 DNA 污染，其反应体系如下：

$\left\{\begin{array}{l}\text{5 × gDNA Eraser Buffer} \qquad 2.0\mu l \\ \text{gDNA Eraser} \qquad 1.0\mu l \\ \text{Total RNA} \qquad 5\mu l \\ \text{RNase Free dH}_2\text{O} \qquad \text{up to } 10.0\mu l\end{array}\right.$

42℃　2min

4℃　10min

基因组 DNA 去除后，就可以进行反转录反应，体系如下：

$\left\{\begin{array}{l}\text{5 × PrimeScript}^{@}\text{ Buffer 2（for Real Time）} \quad 4.0\mu l \\ \text{PrimeScript}^{@}\text{ RT Enzyme MixI} \qquad 1.0\mu l \\ \text{RT Prime Mix} \qquad 1.0\mu l \\ \text{①的反应液} \qquad 10.0\mu l \\ \text{RNase Free dH}_2\text{O} \qquad \text{up to } 20.0\mu l\end{array}\right.$

37℃　15min

85℃　5s

4℃　10min

（2）PCR 扩增

对桃的 RNA 进行反转录后获得了 cDNA，然后以此 cDNA 和基因组 DNA 进行 PCR 扩增来获得目的基因片段，反应体系如下。

在 0.2ml 离心管中加入如下反应体系：

$\left\{\begin{array}{l}\text{10 × Buffer} \qquad 2.0\mu l \\ \text{2.5mmol · L}^{-1}\text{ dNTP} \qquad 1.2\mu l \\ \text{10}\mu\text{mol · L}^{-1}\text{上（下）游引物} \qquad 1.0\mu l \\ \text{反转录产物或 DNA 模板} \qquad 1.0L \\ \text{TaqDNA 聚合酶（5U · }\mu l^{-1}\text{）} \qquad 0.2\mu l \\ \text{ddH}_2\text{O} \qquad 12.4\mu l \\ \text{总体积} \qquad 20\mu l\end{array}\right.$

将上述反应物置于 BiometraT3000 型（德国）PCR 扩增仪上进行扩增。扩增程序为 94℃ 预变性 4min；94℃ 变性 40s，56.5℃ 退火 45s，72℃ 延伸 60s（ICE 基因扩增延伸时间为 90s），从第二步开始进行 34 个循环；72℃ 延伸 10min，4℃ 保存。程序完成后，瞬时离心收集溶液，直接进行 PCR（聚合酶链式反应）操作或 -20℃ 保存备用。

2. PCR 扩增产物的检测

将扩增产物和分子标记（DL2000）于琼脂糖凝胶上电泳，琼脂糖浓度为 1.2%，胶中加入 0.5μg·ml$^{-1}$ 的溴化乙锭（EB）或电泳结束后于 EB 溶液中染色，两极间电压为 120V 25min，于凝胶成像系统下记录分析。

### 三、目的片段的回收与检测

在凝胶成像系统下以标准分子量（DNA Mark）为参照，预先估测一下扩增 DNA 片段的大小，如果与预计的扩增片断大小相符，就使用琼脂糖凝胶 DNA 回收试剂盒回收扩增出的该片段，其操作过程如下。

①将凝胶从凝胶成像系统中取出来

在切胶专用的紫外灯下用专用刀片快速切下所需回收的目的条带，胶尽可能切得薄些，体积小些。

②将切下的含目的条带的凝胶小片放入离心管中，编号

③按每 100mg 琼脂糖凝胶加入 300μl 溶胶液 DD（据经验一般加入 750μl 即可）

④于 56℃ 恒温水浴中放置 10min，每隔 2~3min 混匀一次

使胶彻底均匀融化，室温放置 2min（胶冷却后不影响柱子的吸附能力）。

⑤把吸附柱 AC2 放入收集管中

然后将上一步冷却后溶解的凝胶液，加入吸附柱 AC2 中，

室温放置 1～2min，8 000rpm 离心 30s。

⑥取出吸附柱 AC2

倒掉收集管中的废液，再将吸附柱放回收集管中，加入 700μl 漂洗液 WB（使用前加无水乙醇），8 000rpm 离心 30s，倒掉废液。

⑦再加入 500μl 漂洗液 WB

重复上一次操作。

⑧弃掉废液后

再将吸附柱 AC2 放回空收集管中，10 000rpm，离心 2min。

⑨取出吸附柱

将其放入一个干净的 1.5mlEp 管中，小心的在柱子的吸附膜中央悬空滴加 35μl 洗脱缓冲液 EB（于 65～70℃水浴中预热洗脱效果更好），室温放置 5min。

⑩13 000rpm 离心 1min

Ep 管中液体就含有回收的 DNA 片段，可监测后于 −20℃保存备用。

取 5μl 回收产物在 1% 普通琼脂糖凝胶上检测，125V 恒压电泳 20min，EB 溶液染色，凝胶成像系统下观察并拍照。

### 四、克隆片段的连接和转化及测序

1. 回收产物与 pGM-T 载体的连接

将回收产物（即目的片段）与 pGM-T 载体进行连接反应。具体操作步骤如下。

先将 pGM-T 载体和 2×DNA Ligation buffer 从 −20℃冰箱中取出，置于冰上溶解。然后在 0.2 ml 离心管中配制 10μl 反应体系：

$$\left\{\begin{array}{ll} \text{pGM-T} \ \ \text{载体} & 0.5\mu l \\ 2 \times \text{DNA Ligation buffer} & 5\mu l \\ \text{回收 DNA 产物} & 3.5\mu l \\ \text{T4 DNA Ligase} & 1\mu l \end{array}\right.$$

于离心机中低速离心混匀，在16℃水浴条件下反应过夜。

2. 大肠杆菌感受态细胞制备

大肠杆菌感受态的制备采用 $CaCl_2$ 法。从 -80℃超低温冰箱中取出保存的大肠杆菌（DH5a）原菌液，在超净工作台上于制备好的不含氨苄青霉素（AmP）的 LB 固体培养基上划线，封口后倒置于37℃恒温培养箱中暗培养 12～16h 或过夜。挑取较规则的近圆形的单菌落，在不含抗生素的 LB 液体培养基中摇菌，37℃振荡培养 12～16h 或过夜。在100ml 含有 $CaCl_2$ 的 LB 液体培养基中加入上述过夜培养的菌液 1ml，37℃ 250～300r·min$^{-1}$ 继续振荡培养2.5～3.0h，直至菌液 $OD_{600}$ 处于 0.4～0.5 之间即可。吸取培养物至冰上预冷的 50ml 离心管中继续冰浴 20min，然后45 000r·min$^{-1}$条件下离心 5min，弃上清，收集菌体。加入预冷的0.1mol·L$^{-1}$ $CaCl_2$ 溶液，轻轻吸打混匀，使细胞均匀悬浮，冰浴 30min，4℃ 5 000r·min$^{-1}$ 离心 10min。弃上清液，加入 2.25ml 预冷的0.1mol·L$^{-1}$ $CaCl_2$ 溶液，再次吸打均匀，细胞重新悬浮。加入 40μl 无菌甘油，轻轻混匀，分装成每管 100μl 菌液，于液氮中速冻后，-80℃超低温保存备用。

3. 含目的片段的连接产物对大肠杆菌的转化

连接反应快结束时，可将连接产物放于 4℃冰箱；然后从 -80℃冰箱中取出大肠杆菌（*E. coli*）DH5a 感受态细胞，将离心管置于冰上使之融化。

①把 50μl 感受态细胞与 5μl 连接产物放于离心管中混匀冰上静置 30min。

②将①的离心管置于 42℃ 水浴 90s

注意不要摇动离心管。90s 时取出离心管立即置于冰浴中静置 2min。

③再向离心管中加入 500 ~ 1 000μl 的 LB（不含抗生素）液体培养基

37℃ 150 r·min⁻¹，震荡培养 60min 左右。

④低速离心，除去部分上清

剩下的液体用枪抽打使菌液悬浮，吸取 150μl 菌液在含有 Amp（终浓度分别为 80μg·ml⁻¹）的 LB 固体培养基上进行涂布，待液体不倒流后封口，于 37℃ 倒置培养 16h 左右。

⑤12h 后开始观察

发现单菌落长到针眼大小时取出平板于 4℃ 冰箱中放置。

4. 重组单克隆的扩繁、质粒提取

（1）重组单克隆的扩繁

随机挑选上述形状较为规则的单菌落 4 个，在约 10ml 含 50μg·ml⁻¹ Amp 的 LB 液体培养基中培养，培养环境为 37℃ 的恒温摇床中，180r·min⁻¹ 震荡培养过夜（约 10h），培养至菌液 $OD_{600}$ 为 0.6 ~ 0.8，取出，放于 4℃ 下或立刻进行质粒的保存和提取。

（2）重组质粒的保存和提取

①重组质粒的保存

于超净工作台上，同一来源的菌液用无菌的离心管保存 2 份，各 1ml 菌液，每管再加 50% 无菌甘油 500μl，标记好，先于 4℃ 冰箱中保存。若为阳性克隆，可取其中一份送出测序；一份封口后，液氮速冻，再于 -40℃ 或 -80℃ 保存。非阳性克隆的菌液和质粒弃之。

②重组质粒的提取

采用碱裂解法提取上述大肠杆菌质粒 DNA。

溶液的配制：

Solution I：50mmol·L$^{-1}$ 葡萄糖；10mmol·L$^{-1}$
　　　　　EDTA（pH 值 8.0）；
　　　　　25mmol·L$^{-1}$ Tris-HCl（pH 值 8.0）
Solution II：0.2mol·L$^{-1}$ NaOH；1% SDS（现用现配）
Solution III：60mmol·L$^{-1}$ 乙酸钾；11.5ml 冰乙酸；
　　　　　　28.5mlddH$_2$O

a. 将保存后剩下的菌液倒入 2.0 ml 离心管中，于室温或 4℃ 12 000rpm 离心 40s，倒掉上清液，再重复收集菌体一次；然后，将离心管倒立在纸上，使细菌沉淀尽可能干燥。

b. 向沉淀中加入冰浴中预冷的溶液 I 100μl，剧烈振荡使沉淀完全悬浮，放于冰浴中。

c. 接着继续加入新配制的溶液 II 200μl（不能预冷），盖紧离心管，快速缓慢颠倒离心管数次使内容物混匀，置于冰浴中 5～10min。

d. 再次加入溶液 III 150μl，将离心管轻轻地倒置数次，使内含物混合均匀，冰浴中静止 5min，4℃ 12 000rpm 离心 10min。

e. 吸取上清液（300μl 即可），用等体积的苯酚和氯仿：异戊醇（24：1），各抽提一次；4℃ 12 000rpm，离心 5min。

f. 轻轻地吸取上清液（150～200μl 即可），向上清液中加入 2 倍体积的预冷的无水乙醇，混匀，－20℃放置 30min，离心同 e。

g. 弃上清液，加入 1ml 70% 乙醇（预冷），使沉淀悬浮，于 4℃ 10 000rpm 离心 3min，小心除去上清液，室温使沉淀自然晾干。

h. 向管中加 35μlTE（pH 值为 8.0）buffer 和 1μlRNase（10μg·μl$^{-1}$），37℃ 水浴 30min，溶解质粒 DNA，检测后于－20℃贮存备用。

5. 阳性重组单克隆的鉴定

CBF 及 ICE 基因克隆片段经与克隆 T 载体连接、转化后，挑取阳性克隆摇菌扩繁。重组阳性克隆的鉴定同时采用菌液 PCR 扩增、酶切鉴定，并对鉴定正确的质粒继续测序证实。基本程序如下：首先以克隆用引物 S001PpCBFf0/S002PpCBFr0 和 S003PpICEf0/S004PppICEr0 以对应的菌液或质粒为模板进行 PCR 扩增，并提取阳性菌落的质粒 DNA 用于后续酶切鉴定。

据 pGM-T 载体分析可选择 EcoRI 进行单酶切检测，酶试剂均购自大连宝生物工程公司（Takara）。酶切体系为：酶切缓冲液 $10 \times buffer$ $2\mu l$；质粒 DNA $5\mu l$；EcorI $1\mu l$；dd$H_2$O $12\mu l$。37℃ 恒温水浴中酶切 $3 \sim 4h$。取 $5\mu l$ 单酶切产物进行 0.8% $\sim$ 1.0% 琼脂糖凝胶电泳，在 DNA Marker 存在条件下，观察酶切条带是否与目的条带大小相近。经过上述初步鉴定后，选取阳性质粒送交华大基因工程有限公司进行序列测定，同时保留相同备份以备后续操作。

6. 序列的测定与数据分析

阳性克隆质粒 DNA 经公司双向测序后，采用 Bioedit 软件打开测序结果，进行序列的拼接，即在序列中查找基因上下游引物，含有上游引物即为正链，反之为负链，将负链反向互补，根据序列中间的重叠区，在 Bioedit 软件中加以拼接，以获得完整序列。

序列分析采用 ClustalW 及 Boxshade 联配，以及在线 NCBI 数据库（www. ncbi. nlm. nih. Gov），二级结构分析采用在线软件（http：//www. expasy. org/cgi-bin/prosite/）分析。

## 五、CBF 基因的酵母单杂交

1. 蛋白表达载体构建

根据克隆获得的桃 CBF 的 cDNA 序列结合 pPC86 载体的酶切位点设计下列引物：

PpCBFf2：GAATTCATGGATGGTTTTTGTCCT

PpCBFr2：ACTAGTTTAAATCGAATAACTCCAT

其中，在引物 PpCBFf2 的 5'端引入了 EcoRI 酶切位点，PpCBFr2 5'端引入了 SpeI 酶切位点，以已经测序的 cDNA 质粒为模板，通过 PCR 扩增 CBF 基因的目的片段。为了减少克隆过程中出现碱基突变，PCR 过程中使用的耐高温聚合酶全部为高保真聚合酶。PCR 温度设置如下：95℃，3min，95℃，30s；55℃，30s；72℃，1min，32 个循环，结束后 72℃，10min。

在 1.0% 的琼脂糖凝胶电泳上分离上述 PCR 扩增产物，对目标带挖胶后用回收试剂盒回收目的片段。将目的片段与 pGEM-T 连接，进而转化大肠杆菌，提取质粒并测序，用 EcoRI 和 SpeI 分别双酶切含该扩增的目的片段的质粒和载体 pPC86：

在 0.2ml 无菌离心管中加入如下溶液：

$$
\left\{
\begin{array}{ll}
\text{pGEMT-CBF 或 pPC86} & 10\mu l \\
10 \times \text{buffer} & 2\mu l \\
\text{EcoR I} & 1\mu l \\
\text{Spe I} & 1\mu l \\
\text{ddH}_2\text{O 补足} & 20\mu l
\end{array}
\right.
$$

将上述溶液混匀，于 37℃ 恒温水浴反应 3~4h。于 1.0% 的琼脂糖凝胶电泳上分离该酶切产物，对于载体酶切要挖取大片段，而 pGEM-T.CBF 要挖取小片段。

将这一大一小两片段于 16℃ 条件下进行连接，构建蛋白表达载体 pPC86-CBF。

2. 启动子表达载体构建

由于 CBF 转录因子能够识别并与 CRT/DRE 顺式作用元件特异结合，该顺式作用元件广泛存在于 COR 基因的启动子区域，我们就根据该顺式元件的核心序列 "CCGAC" 设计引物，合成 5 个拷贝串联的顺式元件，两端各加一个酶切位点 BamHI 和 XbaI，就形成了诱饵序列：

S011PpCBF: GGATCC CCGACCCGACCCGACCCGACCCGACTCTAGA

选择 pRS315His 载体质粒,并用 BamHI(先在 30℃ 单酶切 3h)和 XbaI 双酶切(BamHI 酶切后于 37℃ 酶切 3h);将含有顺式作用元件的诱饵序列连接到双酶切后的 pRS315His 载体上,得到诱饵载体质粒 pRS315His. S011。连接反应体系如下:

$$\left\{\begin{array}{ll} \text{pRS315His 载体(酶切后)} & 1\mu l \\ 10 \times \text{DNA Ligation buffer} & 1\mu l \\ \text{S011} & 5\sim 7\mu l \\ \text{T4 DNA Ligase} & 1\mu l \\ \text{ddH}_2\text{O 补足} & 20\mu l \end{array}\right.$$

将上述物质混合后置于 16℃ 反应 10h。

3. CBF 蛋白表达载体与启动子表达载体共转化酵母菌株

把 CBF 基因片段连入蛋白表达载体 pPC86(Leu 营养表现型),再将 COR 基因的顺式作用元件连入启动子表达载体 pRS315His(Trp 营养表现型)。采用 LiAc 转化法将两种载体共转化酵母 yWAM2 细胞,如果两者有作用会启动报告基因表达,产生组氨酸供菌体生长。因此,根据共转化的克隆在酵母培养基 SD/Leu-/Trp-/His-上的生长情况,就可以判断目的蛋白与启动子区域的互作与否。同时以只转 ppc86 的 yWAM2 在 SD/-Leu/-His、只转 pRS315His 的 yWAM2 在 SD/-trp/-His 的生长情况和单独 yWAM2 菌株在 SD/-His 上生长情况来排除该菌株的 His 本底表达问题。

酵母菌株 yWAM2 感受态细胞的制备及与两载体的转化过程如下。

a. 将保存的 yWAM2(Leu-, His-, Trp-)菌株于 YPDA 固体平板上划线,放在 30℃ 温度下培养 2~3d,挑取一个大小约 2~3mm 的单克隆,接种于 10ml YPDA 液体培养基中,在 30℃ 250rpm 震荡条件下培养至 $OD_{600}>1.5$(肉眼看见很浑浊)。

b. 把上面的菌液转管于 50ml 的 YPDA 培养基中,调整

$OD_{600}$ 在 0. 2 ~ 0. 3 范围内，于 30℃ 230 ~ 270rpm 震荡条件下培养至 $OD_{600}$ 约为 0. 8。

c. 1 500rpm 常温离心 5min，收集菌体。

d. 小心地弃去上清液，用刚灭菌的 1 × TE 使细胞重新悬浮，然后转移至 50ml 离心管中，离心同（3）。

e. 重复步骤（4）。

f. 小心地吸去上清液，用 0. 5 ~ 1. 0ml 1 × TE/LiAc（现用现配）使细胞重新悬浮，室温下放置，至此感受态细胞已经制备完成。

g. 准备 10ml 1 × PEG/LiAc。

h. 取刚灭过菌的 1. 5ml 离心管，依次加入如下试剂：100μl 上述感受态细胞，携带有蛋白和启动子区域的载体质粒各 3μl，600μl PEG/LiAc，于涡旋震荡器上混匀，于 30℃ 200rpm 震荡条件下培养 0. 5h。

i. 加入 70μl DMSO，轻轻混匀（禁止震荡）。

j. 42℃ 水浴 15min，其间混匀几次，结束后立即放于冰上 1 ~ 2min。

k. 14 000rpm 常温离心 10s，弃上清液。

l. 沉淀用 200μl 1 × TE 重新悬浮，涂于 SD/-Leu-His-Trp 固体培养基上。

m. 将其倒置于 30℃ 下培养 3 ~ 4d，观察记录酵母生长情况，据此判断目的蛋白与目标启动子的互作情况。

# 第四节　结果与分析

## 一、桃基因组 DNA 和总 RNA 的检测结果

### 1. 桃 DNA 的凝胶电泳检测

果树成熟叶片普遍富含多糖、多酚及其他次生代谢物

质[193]，常规方法提取 DNA 的质量常常不高，本文以宋拖波等改良 CTAB 法对桃秋季成熟期叶片进行了提取，结果表明，该方法在桃成熟叶片中能提取出基因组 DNA，且 DNA 的纯度和完整性都较好，蛋白和糖的污染去除彻底（图 2 - 1）。

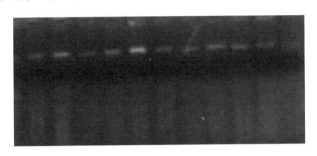

图 2 - 1 DNA 质量检测图谱

Figure 2 - 1 Detection of DNA quality

2. 桃叶片总 RNA 的检测

RNA 提取时很容易发生降解，减少操作步骤和时间是减少降解、提高效率的有效方法。本书以 Trizol 法并加以改良对桃成熟期叶片进行了 RNA 提取。其质量检测结果如图 2 - 2 所示：28S、18S 和 5S 条带清晰，且 28S 条带的亮度约是 18S 条带亮度的二倍，说明所提取的总 RNA 的完整性较好（图 2 - 2）。

紫外分光光度计测定表明，总 RNA 的 $OD_{260}/OD_{280}$ 均介于 1.8 ~ 2.0，而 $OD_{260}/OD_{230}$ 大于 2.0，说明其多糖等杂质去除效果较好，纯度符合 PCR 扩增要求。

## 二、桃 CBF 基因和 ICE 基因的克隆

1. RT-PCR 和 PCR

根据已知植物来源 CBF 和 ICE 基因的氨基酸序列，搜索 GenBank EST 数据，获得许多与其高度同源的表达序列标签，采

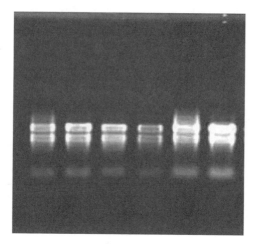

图 2 - 2  RNA 质量检测图谱

Figure 2 - 2  Detection of RNA quality

用软件拼接和分析，分别设计特异性引物对 S001PpCBFf0/
S002PpCBFr0 和 S003PpICEf0/S004PppICEr0。进而，以桃叶片来
源总 RNA 和基因组 DNA 进行 RT-PCR （cDNA 为模板进行 PCR
扩增）和 PCR 扩增，并对扩增后的产物进行琼脂糖凝胶电泳
检测。

2. 桃 CBF 基因片段的克隆

上述扩增产物的琼脂糖凝胶电泳结果如图 2 - 3 所示，以基
因组和 cDNA 为模板时，均在 900bp 附近检测到特异性 PCR 扩
增片段一条，与预测目的产物片段大小相符，说明引物特异性较
好。将凝胶置于紫外灯下，切下该特异片段，放于 1.5ml 离心管
中。用 DNA 凝胶回收试剂盒对该特异条带进行回收、纯化。最
后，于 1.0% 琼脂糖凝胶上检测所回收产物的质量。

琼脂糖凝胶检测结果如图 2 - 4 所示，在 900bp 附近出现了
目标条带，说明回收产物质量较好。将该回收产物与 pGM-T 载

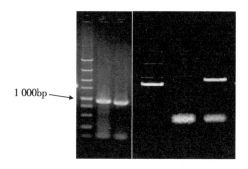

图 2 – 3 PpCBF 基因 cDNA 及基因克隆

Figure 2 – 3 Cloning of PpCBF from mRNA and DNA by
RT-PCR and PCR

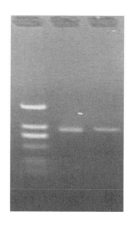

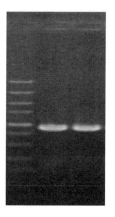

图 2 – 4 PpCBF 基因 PCR
扩增产物纯化

Figure 2 – 4 Purified target
DNA of PpCBF by PCR
amplification

图 2 – 5 Ppcbf 质粒 RCR 扩增

Figure 2 – 5 Identified positive
plamids of PpCBE by PCR
amplification

体相连接形成重组 T 载体，再用热激法将重组 T 载体转化至宿主菌大肠杆菌 DH5a 菌株，加 1mlB 液体培养基培养 1h 后，取培养物 150μl 涂到含 50μg·ml⁻¹Amp 的 LB 平板培养基上进行抗性筛选，根据蓝白斑筛选获得阳性转化子。

随后，随机挑取形状规则的 4 个白色菌斑，进行单克隆的扩繁，当菌液达到一定 OD 值后，用原引物以菌液为模板进行 PCR 扩增，检测阳性克隆（图 2-5），验证重组质粒插入的片段的大小，对鉴定正确的阳性克隆的菌液进行菌液保存和质粒提取，并将该菌液或质粒（pGM-T：PpCBF）送至华大基因公司进行序列测定。

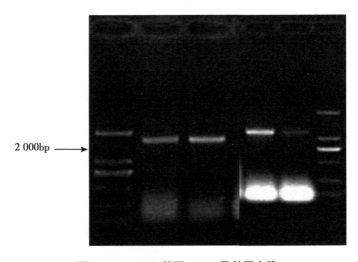

2 000bp ——➤

**图 2-6 PpICE 基因 cDNA 及基因克隆**
**Figure 2-6 Cloning of PpICE from mRNA and DNA by RT-PCR and PCR**

3. 桃 ICE 基因片段的克隆

桃 ICE 基因扩增产物的琼脂糖凝胶电泳结果如图 2-6 左所

示，以基因组为模板时，在 2 000bp 以下约 1 800bp 附近检测到特异性 PCR 扩增片段一条；而 cDNA 为模板时，其扩增片段明显小于基因组来源的扩增片段，在 1 000bp 以上，约 1 200bp（图2－6右）左右呈现 PCR 扩增片段一条，与预测目的产物片段大小相符，条带单一，说明引物特异性较好。将凝胶分别置于紫外灯下，切下这两条大小不同的特异片段，放于 1.5ml 离心管中。用 DNA 凝胶回收试剂盒对该特异条带进行回收、纯化。最后，于 1.0% 琼脂糖凝胶上检测上述回收产物（图2－7）的质量。继而，将这两个回收产物与 pGM-T 载体相连接形成重组 T 载体，再用热激法将重组 T 载体转化至宿主菌大肠杆菌 DH5a 菌株，加 1mlB 液体培养基培养 1h 后，取培养物 150μl 涂到含 50μg·ml⁻¹ Amp 的 LB 平板培养基上进行抗性筛选，观察菌斑的生长情况。随后，随机挑取 4

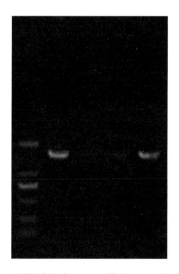

图 2－7 不同桃树品种 PpICE 基因 PCR 扩增产物纯化

Figure 2－7 Purified target DNA of PpICE from different varieties of peaches by PCR amplification

个白斑，进行单克隆的扩繁，当菌液达到一定 OD 值后，提取菌液质粒，并用酶切法对重组质粒进行鉴定（图 2 – 8）对鉴定正确的阳性克隆的质粒及菌液进行保存，并将该菌液或质粒（pGM-T：PpICE）送至华大基因公司进行序列测定。

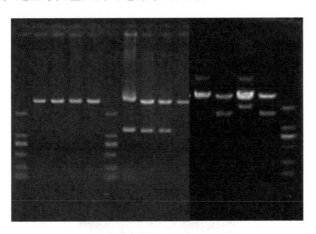

图 2 – 8　PpICE DNA 和 cDNA 的转化大肠杆菌
质粒酶切图（EcorI 酶切）

Figure 2 – 8　Restriction endonuclease digestion of Coli plasmid
converted by PpICE DNA and cDNA（EcorI）

### 三、桃树 CBF 基因的生物信息学分析

1. 桃 CBF 基因核苷酸序列分析

测序结果分析表明，对毛桃来源的 CBF 基因的 cDNA 序列（图 2 –9）分析显示：其全长为 894bp，包含 121bp 的 5'端非编码序列，83bp 的 3'端非编码序列，以及 690bp 的开放阅读框，编码 229 个氨基酸，分子量约为 24.97698kD，等电点为 5.058，属于酸性蛋白，该基因命名为 PpCBF。以基因组为模板，PCR 扩增获得该基因的基因组序列，通过与相应 cDNA 序列比较

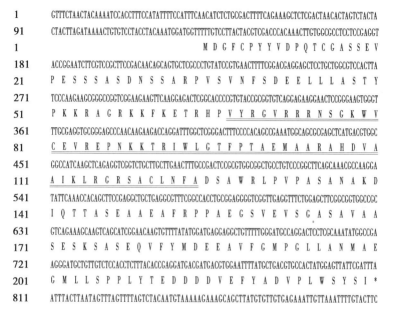

**图 2 - 9　桃 PpCBF cDNA 的核苷酸序列及其推导的氨基酸序列**

注：下划线部分显示为 AP2/EREBP 功能域

**Figure 2 - 9　The nucleotide sequence in cDNA and deduced amino acid sequence of peach PpICE**

Note：The underlined part displays for AP2/EREBP domain

分析显示两者序列一致，表明桃树 PpCBF 不含内含子。

利用生物信息学软件（http：//www. expasy. org/cgi-bin/pro-site/）对推导的氨基酸序列分析结果显示，PpCBF 含有 CBF 家族的 AP2/EREBP（图 2 - 10）功能域（$V^{67}$-$A^{124}$），表明该蛋白属于 CBF 家族。信号肽预测（SignalP 4.0）显示，PpCBF 不含信号肽，表明该蛋白无需跨膜运输。

此外，该蛋白还存在 2 个蛋白激酶 C 磷酸化位点（31～33，76～78），1 个酰胺化位点（55～58），1 个 cAMP 和 cGMP 依赖的蛋白激酶磷酸化位点（73～76），2 个 N-豆蔻酰化位点（12～17，34～39），以及 5 个酪蛋白激酶 II 磷酸化位点（25～28，40～43，144～147，175～178，210～213），2 个 GLYCOSYLATIONN-糖基化位点（29～32，38～41），表明在 PpCBF 的生物合成过程中需要多种翻译后加工修饰作用才能成为具有天然功能的成熟肽。

**图 2 - 10　桃 PpCBF 编码蛋白保守结构域分析**

**Figure 2 - 10　Analysis of conserved structure domain protein encoded by PpCBF of peach**

2. 桃 CBF 基因与其他物种 CBF 同源基因推导的氨基酸序列间同源性分析

在 NCBI（美国国立生物技术信息中心）数据库中搜索已报道其他物种同源序列与毛桃 PpCBF 的 ORF 编码的蛋白序列进行比对（图 2 - 11 和图 2 - 12）。结果显示，毛桃 PpCBF 与月季 Rosa hybrid cultivar ［ACI42860.1］，沙梨 *Pyrus pyrifolia* ［AEG64738.1］，苹果 *Malusx domestica* ［ADE41123.1］，鲁桑 *Morus alba* var. *multicaulis* ［AFQ59977.1］，马铃薯 *Solanum tuberosum* CBF ［ACJ26758.1］，橡胶树 *Hevea brasiliensis* ［AAY43213.1］，苇状羊茅 *Festuca arundinacea* ［CAH10191.1］，辣椒 *Capsicum annuum* ［AAQ88400.1］，烟草 *Nicotiana tabacum* CBF1B ［AAG43549.1］，木薯 *Manihot esculenta* CBF1 ［AFB83707.1］等植物 AP2 超家族基因氨基酸序列同源性达 66.1%～84%，其氨基酸序列同源性分别为 76.4%，81.3%，

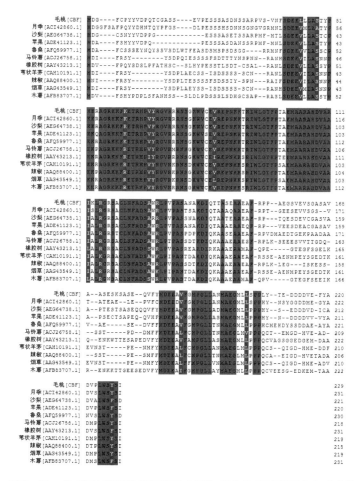

图 2 - 11　桃 CBF 基因推导氨基酸序列与部分物种同源蛋白多重比较
结果红色、灰色和白色分别代表完全相似、高度相似、相似度低

Figure 2 - 11　Multiple sequences alignment of full amino acid sequences
deduced by CBFs of peach with those homologous protein of various
species Identical amino acid residues in this alignment are shaded in
red, and similar amino acid residues are shaded in grey (highly
similarity) and white (lower similarity).

Percent Identity

| Divergence | 1 | 2 | 3 | 4 | 5 | 6 | 7 | 8 | 9 | 10 | 11 | | |
|---|---|---|---|---|---|---|---|---|---|---|---|---|---|
| 1 | | 82.6 | 67.4 | 70.6 | 69.3 | 71.1 | 70.1 | 81.7 | 69.2 | 68.9 | 86.9 | 1 | Capsicum annuum [AAQ88400.1] |
| 2 | 19.8 | | 65.8 | 67.7 | 68.0 | 67.7 | 65.9 | 95.9 | 66.4 | 67.9 | 79.1 | 2 | Festuca arundinacea [CAH10191.1] |
| 3 | 42.6 | 45.6 | | 67.9 | 83.5 | 66.1 | 66.5 | 65.3 | 67.4 | 69.4 | 65.1 | 3 | Hevea brasiliensis [AAY43213.1] |
| 4 | 37.3 | 42.1 | 41.8 | | 67.9 | 84.0 | 69.6 | 66.8 | 83.2 | 77.2 | 69.6 | 4 | Malus x domestica [ADE41123.1] |
| 5 | 39.4 | 41.6 | 18.7 | 41.8 | | 66.5 | 68.3 | 67.1 | 67.4 | 68.9 | 66.1 | 5 | Manihot esculenta CBF1[AFB83707.1] |
| 6 | 36.5 | 42.1 | 45.0 | 18.0 | 44.2 | | 68.6 | 67.3 | 81.3 | 76.4 | 69.6 | 6 | Maotao_CBF |
| 7 | 38.0 | 45.3 | 44.2 | 39.0 | 41.1 | 40.6 | | 66.4 | 67.7 | 69.0 | 68.7 | 7 | Morus alba var. multicaulis [AFQ59977.1] |
| 8 | 21.0 | 4.2 | 46.4 | 43.7 | 43.1 | 42.9 | 44.5 | | 65.4 | 67.4 | 79.1 | 8 | Nicotiana tabacum CBF1B[AAG43549.1] |
| 9 | 39.6 | 44.5 | 42.6 | 19.1 | 42.6 | 21.6 | 42.1 | 46.1 | | 74.0 | 66.8 | 9 | Pyrus pyrifolia [AEG64738.1] |
| 10 | 40.1 | 41.8 | 39.3 | 27.2 | 40.0 | 28.3 | 39.9 | 42.6 | 32.0 | | 67.9 | 10 | Rosa hybrid cultivar [ACI42860.1] |
| 11 | 14.5 | 24.6 | 46.7 | 38.9 | 45.0 | 38.9 | 40.4 | 24.6 | 43.7 | 41.8 | | 11 | Solanum tuberosum CBF[ACJ26758.1] |
| | 1 | 2 | 3 | 4 | 5 | 6 | 7 | 8 | 9 | 10 | 11 | | |

图 2 - 12 桃与不同物种间 CBF 基因氨基酸序列相似性比较

Figure 2 - 12 The similarity comparation of full amino acid sequences encoded by CBF gene among peach and different varieties of species

84%，68.6%，69.6%，66.1%，67.7%，71.1%，67.3%，66.5%。野生毛桃 PpCBF 氨基酸序列与苹果 *Malus x domestica* [ADE41123.1] 和沙梨 *Pyrus pyrifolia* [AEG64738.1] 的亲缘关系最近，氨基酸序列同源性分别为84%和81.3%；与橡胶树 *Hevea brasiliensis* [AAY43213.1] 的亲缘关系最远，氨基酸序列同源性只有66.1%。由此可见，比对的物种间 AP2 超家族基因编码的氨基酸序列在进化过程中存在一定差异。

应用 MEGA5.1 对毛桃 PpCBF 与其他物种 AP2 超家族基因编码的氨基酸序列进行系统进化树聚类分析（图 2 - 13）。结果表明：苹果 *Malus x domestica* [ADE41123.1] 和沙梨 *Pyrus pyrifolia* [AEG64738.1] 聚类在同一分支上，但它们编码的氨基酸序列进化距离不同步，后与野生毛桃 PpCBF 聚为一类，亲缘关系最近；与橡胶树 *Hevea brasiliensis* [AAY43213.1] 和木薯 *Manihot esculenta* CBF1 [AFB83707.1] 的进化距离较远；说明 AP2 超家族基因编码的氨基酸序列在进化过程中可能存在种属差异性。

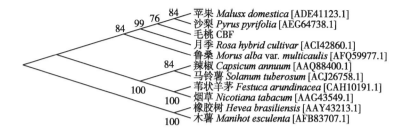

图 2 – 13 桃与不同物种间 AP2 超家族基因编码的
氨基酸序列系统进化分析

**Figure 2 – 13** **Phylogenetic analysis of full amino acid sequences**
**encoded by a super family gene, AP2, among peach**
**and different varieties of species**

3. 桃 CBF 基因在不同品种间氨基酸序列比对分析

为进一步研究 CBF 基因在不同桃树品种间的遗传多样性，对来自 Duanyu（端玉）、Njn76、Xiufeng（秀峰）、9618、Yidali（意大利）、Maotao（毛桃）、9618、Jinqiu（金秋）、Hanlu（寒露）、81715、Santai（三台肉桃）、Danmo（丹墨）、Dajiubao（大久保）、Baimang（白芒）、B6832 和 Zaojin（早金）的 16 个品种的 PpCBF cDNA 进行克隆（图 2 – 14）、测序和比对分析。

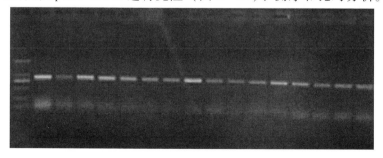

图 2 – 14 PpCBF 不同品种 cDNA 的 PCR 扩增

**Figure 2 – 14** **PCR amplification of PpCBF from different species**

序列分析结果表明，上述品种 CBF 基因编码氨基酸数目相同，均为 229 个，上述品种来源的 PpCBF 的氨基酸序列高度相似，相似性介于 97.8% ~99.6%（图 2 – 15 和图 2 – 16）。

进一步分析显示，Yidali 和 81715 之间亲缘关系最远，相似性为 97.8%。进行系统进化树聚类分析结果显示，供试 16 个品种可聚类为 3 个明显的亚群：B6832 与 Maotao（毛桃）、Santai（三台肉桃）、Dajiubao（大久保）与 Njn76 可聚类为第一亚群；Zaojin（早金）与 Jinqiu（金秋）、Danmo（丹墨）、Baimang（白芒）与 Xiufeng（秀峰）聚类为第三个亚群；9618 和 Yidali（意大利）聚类为第二个亚群；Hanlu（寒露）位于二和三亚群间；而 Duanyu（端玉）、961 和 81715 与它们的遗传距离最远，说明桃 CBF 基因序列在进化过程中在品种间有一定差异性（图 2 –17）。

**四、桃 ICE 基因的信息学分析**

1. 桃树 ICE 基因核苷酸序列分析

测序结果分析表明（图 2 – 18），桃树品种毛桃来源 ICE 基因 cDNA 全长为 1 160bp，5′端有 41bp 的非编码序列，3′端非编码序列有 36bp，开放阅读框包含 1 083bp，编码 360 个氨基酸，分子量约为 40. 34036kD，等电点为 4. 636，属于酸性蛋白，该基因命名为 PpICE。以基因组为模板，PCR 扩增获得该基因的基因组序列，通过与相应 cDNA 序列比较分析显示两者序列一致，表明桃树 PpICE 基因组全长 1585bp，含有 3 个内含子（图 2 –19）。

利用生物信息学软件（http：//www. expasy. org/cgi-bin/pro-site/）对推导的氨基酸序列分析结果显示，PpICE 含有 ICE 家族的 bHLH 功能域（$G^{187}$ ~ $L^{236}$）（图 2 –20），表明该蛋白属于 ICE 家族。信号肽预测（SignalP 4.0）显示，PpICE 不含信号肽，表明该蛋白无需跨膜运输。此外，该蛋白还存在 2 个蛋白激酶 C

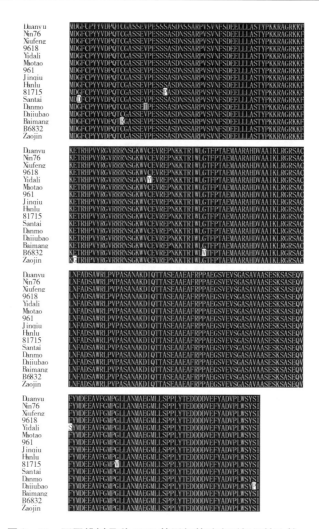

**图 2 - 15 不同桃树品种 CBF 基因氨基酸序列相似性比较**

**Figure 2 - 15 The similarity comparation of full amino acid sequences of CBFs among different varieties of peach**

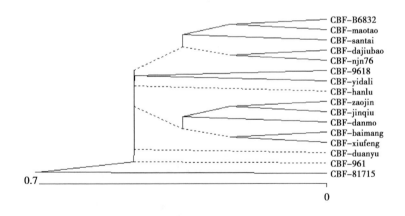

**图 2 – 16　不同桃树品种 CBF 基因间氨基酸序列相似性比较**

**Figure 2 – 16　The similarity comparation of full amino acid**

**sequences of CBFs among different varieties of peach**

**图 2 – 17　不同桃品种 CBF 基因系统进化树**

**Figure 2 – 17　The phylogenetic tree of CBFs among**

**different varieties of peach**

磷酸化位点（153～155、274～276），1 个 cAMP 和 cGMP 依赖

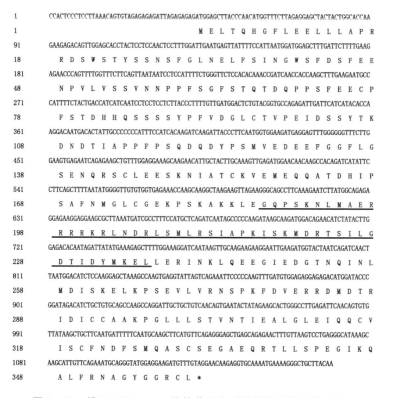

**图 2-18 桃 PpICE cDNA 的核苷酸序列及其推导的氨基酸序列**

注：下划线部分显示为 bHLH 功能域

**Figure 2-18 The nucleotide sequence in cDNA and deduced amino acid sequence of peach PpICE**

Note：The underlined part displays for bHLH domain

的蛋白激酶磷酸化位点（17~20），4 个 N-豆蔻酰化位点（133~138、247~252、297~302、344~349），以及 9 个酪蛋白激酶Ⅱ磷酸化位点（44~47、65~68、72~75、97~100、125~128、143~146、218~221、286~289、329~332），1 个 GLY-COSYLATIONN-糖基化位点（109~112），表明与 PpCBF 类似，

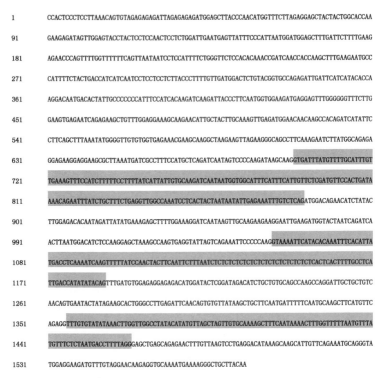

| | |
|---|---|
| 1 | CCACTCCCTCCTTAAACAGTGTAGAGAGAGATTAGAGAGAGATGGAGCTTACCCAACATGGTTTCTTAGAGGAGCTACTACTGGCACCAA |
| 91 | GAAGAGATAGTTGGAGTACCTACTCCTCCAACTCCTCTGGATTGAATGAGTTATTTCCCATTAATGGATGGAGCTTTGATTCTTTTGAAG |
| 181 | AGAACCCAGTTTTGGTTTTTTCAGTTAATAATCCTCCATTTTCTGGGTTCTCCACACAAACCGATCAACCACCAAGCTTTGAAGAATGCC |
| 271 | CATTTTCTACTGACCATCATCAATCCTCCTCCTCTTACCCTTTTGTTGATGGACTCTGTACGGTGCCAGAGATTGATTCATCATACACCA |
| 361 | AGGACAATGACACTATTGCCCCCCCATTTCCATCACAAGATCAAGATTACCCTTCAATGGTGGAAGATGAGGAGTTTGGGGGGTTTCTTG |
| 451 | GAAGTGAGAATCAGAGAAGCTGTTTGGAGGAAAGCAAGAACATTGCTACTTGCAAAGTTGAGATGGAACAACAAGCCACAGATCATATTC |
| 541 | CTTCAGCTTTAAATATGGGGTTGTGTGGTGAGAAACGAAGCAAGGCTAAGAAGTTAGAAGGGCAGCCTTCAAAGAATCTTATGGCAGAGA |
| 631 | GGAGAAGGAGGAAGCGCTTAAATGATCGCCTTTCCATGCTCAGATCAATAGTCCCCAAGATAAGCAAGGTGATTTATGTTTTGCATTTGT |
| 721 | TGAAAGTTTCCATCTTTTTCCTTTTATCATTATTGTGCAAGATCAATAATGGTGGCATTTCATTTCATTGTTCTCGATGTTCCACTGATA |
| 811 | AAACAGAATTTATCTGCTTTCTGAGGTTGGCCAAATCCTCACTACTAATAATAATTGAGAAATTTGTCTCAGATGGACAGAACATCTATAC |
| 901 | TTGGAGACACAATAGATTATATGAAAGAGCTTTTGGAAAGGATCAATAAGTTGCAAGAAGAAGGAATTGAAGATGGTACTAATCAGATCA |
| 991 | ACTTAATGGACATCTCCAAGGAGCTAAAGCCAAGTGAGGTATTAGTTCAGAAATTCCCCCAAGGTAAAATTCATCACACAAATTTCACATTA |
| 1081 | TGACCTCAAAATCAAGTTTTTATCCAACTACTTCAATTCTTTAATCTCTCTCTCTCTCTCTCTCTCTCTCTCACTCACTTTTGCCTCA |
| 1171 | TTGACCATATATACAGTTTGATGTGGAGGAGAGACATGGATACTCGGATAGACATCTGCTGTGCAGCCAAGCCAGGATTGCTGCTGTC |
| 1261 | AACAGTGAATACTATAGAAGCACTGGGCCTTGAGATTCAACAGTGTGTTATAAGCTGCTTCAATGATTTTTCAATGCAAGCTTCATGTTC |
| 1351 | AGAGGTTTGTGTATATAAACTTGGTTGGCCTATACATATGTTAGCTAGTTGTGCAAAAGCTTTCAATAAAACTTTGGTTTTTAATGTTTA |
| 1441 | TGTTTCTCTAATGACCTTTTAGGGAGCTGAGCAGAGAACTTTGTTAAGTCCTGAGGACATAAAGCAAGCATTGTTCAGAAATGCAGGGTA |
| 1531 | TGGAGGAAGATGTTTGTAGGAACAAGAGGTGCAAAATGAAAAGGGCTGCTTACAA |

### 图 2 – 19　桃 PpICE DNA 的核苷酸序列

注：灰色部分显示为内含子

### Figure 2 – 19　The nucleotide sequence in DNA of peach PpICE

Note：The underlined part displays for bHLH domain

在 PpICE 的生物合成过程中需要多种翻译后加工修饰作用才能成为具有天然功能的成熟肽。

2. 桃 ICE 基因与其他物种 ICE 同源基因推导的氨基酸序列间同源性分析

在 NCBI（美国国立生物技术信息中心）数据库中搜索已报道其他物种同源序列与毛桃 PpICE 的 ORF 编码的蛋白序列进行

图 2 - 20　PpICE 蛋白含有典型的 Myc 家族 helix-loop-h

elix（bHLH）domain（功能域）

**Figure 2 - 20　PpICE protein containing the typical Myc family**

**called helix-loop-helix（bHLH）domain（functional domain）**

比对（图 2 - 21 和图 2 - 22）。

结果显示：毛桃 PpICE 与大豆 *Glycine max*［NP_ 001241949. 1］，

| | |
|---|---|
| 毛桃[ICE] | MLT-QHGFLE-LLLAPRRDS-------NSTYSSNS------FGLNELFSINGW--SF 43 |
| 大豆[NP_001241949.1] | MLS-QLGFLD-LL-APRKTS-------WSSALST-------GLNELLLPSGW--SF 41 |
| 蒺藜苜蓿[XF_003612938.1] | MLS-QLGFLE-LL-APRKDT-------WNT-LST-------GLNELLLPNGW--TF 39 |
| 葡萄[AFR78197.1] | MRVN-ERGFLE-LL-ALRGDP-------WET-IPT-------GMNEFFS-HGW--GF 38 |
| 山葡萄[AFH68208.1] | MRVN-ERGFLE-LL-ALRGDP-------WET-IPT-------GMNEFFS-HGW--GF 38 |
| 百脉根[AFK38540.1] | MRLY-DHDFLE-ELL-ALQKT-------RSNTNFSS------EKNQLFS-NDW--SF 41 |
| 拟南芥[NP_569014.1] | MLSTQMNVFE-LLVPTKQTT-------DNNINNLSFNGGFDHHHQFFP-NGY--NI 50 |
| 玉米[NP_001142220.1] | MLDEQA-FLE--ILSLRRDA-------WDCN-------------------AM--G-T 27 |
| 琴叶拟南芥[XF_002871426.1] | M--------LTRSTKQES-------NNLDVI-NGGFTAVD-QFVP-NDW--NF 37 |
| 水稻[ADX60261.1] | MLDEES-FLDG--LMSLRRDG-------SAPWQAPPYPGGGGG--GGGGGM--MM--S- 44 |
| | |
| 毛桃[ICE] | -SFEENPVL-----------------------------------V-SSVN----N 57 |
| 大豆[NP_001241949.1] | -SFDENQGL-----------------------------------S--TL------N 53 |
| 蒺藜苜蓿[XF_003612938.1] | -SFDENLLI-----------------------------------N 52 |
| 葡萄[AFR78197.1] | YRFDENPVTFLPNSSFEGFSGPIEPGFGYS----FNEMYSPFGEEFST-PQVT----D 87 |
| 山葡萄[AFH68208.1] | YRFDENPVTFLPNSSFEAFSGPIEPGFGYS----FNEMYSPFGDEFST-PQVT----D 87 |
| 百脉根[AFK38540.1] | HCYDQNSYSFLFNHSSLCQVFQSYVNNSS-SYTFNEIYSSLLFFST-PQV----D 93 |
| 拟南芥[NP_569014.1] | YLCFNNEEEDENT--------LLYPSSF-------MDLISQPPPLLHQPF-P 87 |
| 玉米[NP_001142220.1] | --FFAPAA---MDCTFQDR---------------HHQ-APTVSVL---PTF 54 |
| 琴叶拟南芥[XF_002871426.1] | YLCFNNLLQEDDN-------IDHPSSS-------LMNLISQPPPLL-HQPPQP 75 |
| 水稻[ADX60261.1] | LLFYGGD---GGSAEARGG-------------------MDA-SPFQELA----S 71 |
| | |
| 毛桃[ICE] | PP--FSGFSTQTDQPPSFEECFFSTDHHQSSSSYPFVDGLCTVPEIDSSYTKDNDTIAPP 115 |
| 大豆[NP_001241949.1] | PS--FAAFSTPLDHR---FECPYGSE--AA---YPFVDGF-TLPELDSSYTRNDES-APL 101 |
| 蒺藜苜蓿[XF_003612938.1] | PS--FASFSTPLDHR---FECPYGTD--ASSLSYPYLDGF-SVPEFD-------DS-APV 96 |
| 葡萄[AFR78197.1] | SS--Y----TKQDTPP---------------FPTQEDY----------------P 105 |
| 山葡萄[AFH68208.1] | SS--Y----TKQDTPP---------------FPTQEDY----------------P 105 |
| 百脉根[AFK38540.1] | SSSYNTLLETPLNTQP----------------FLAQEDY---------------P 117 |
| 拟南芥[NP_569014.1] | LQ-------PL--SPPL------SSSATAGATFDYFFLEALQEI--IDSSSS------SPP 125 |
| 玉米[NP_001142220.1] | TA----SYAQPQFQPAA---AFGFD-CLSEVY------GAAA-FGGPNAGDYGG---E 94 |
| 琴叶拟南芥[XF_002871426.1] | SS--------PFY-SLPL-----SSA------FDYFFLE---DI-KDSSLS------HPP 105 |
| 水稻[ADX60261.1] | MA--------AFPPQHFHE----EFNFD-CLSEVCNFYRSCGAQLV-P-SEAASQTQT---Q 115 |
| | |
| 毛桃[ICE] | FPSQDQDYPSMVEDEEFGGFLGSENQRSCLEESKNIATCKVEMEQQATDH-IPS-AFNM 173 |
| 大豆[NP_001241949.1] | LPQEDN---FSLEDEEFG-FLGSESQS--LEQAK-IGCKIE---E-LTE-IP--AFNM 146 |
| 蒺藜苜蓿[XF_003612938.1] | LPQQES---I----EEFG-FVGSENKR--FEESK-ISCKVE--EQVSE-TP--VFNM 138 |
| 葡萄[AFR78197.1] | FPMMEE--------EEPAVHPGVDLHNMLQ----ATCKVEPI--QSTE-FF-VFNV 147 |
| 山葡萄[AFH68208.1] | FPMMEE--------EEPAVHPGVDLHNMLQ-----ATCKVEPI--QSTE-FF-VFNV 147 |
| 百脉根[AFK38540.1] | LSVMED--------ED--------LDLE--TTCKMEPN--QSPEAIPV--TNT 149 |
| 拟南芥[NP_569014.1] | LILQNG-------------QEENFNNPMSYPSPLMESD--QSKS-FSV-GYCG 162 |
| 玉米[NP_001142220.1] | MGFLD------VVEPKAASAA--LVDGAAGLG---ACKVEPGLAESGGAF---GAGA 138 |
| 琴叶拟南芥[XF_002871426.1] | FIFPTS-------------QENNINNY---SPSME---ESKS-L----MNY 133 |
| 水稻[ADX60261.1] | LTPLRD---AMVAEEEETSGDK--ALLHGGGGSSS--PTFMFGGGAGESSEMM-AGIRGV 167 |

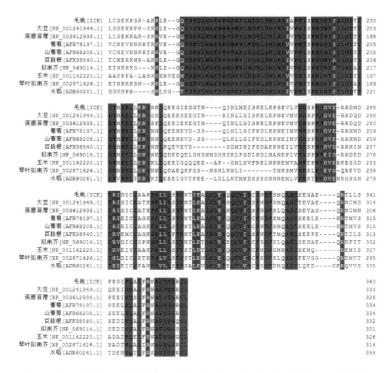

图 2 – 21　桃 ICE 基因推导氨基酸序列与部分物种同源蛋白多重比较
结果红色、灰色和白色分别代表完全相似、高度相似、相似度低

Figure 2 – 21　Multiple sequences alignment of full amino acid sequences
deduced by ICEs of peach with those homologous protein of various
species Identical amino acid residues in this alignment are shaded
in red, and similar amino acid residues are shaded in grey（highly
similarity）and white（lower similarity）

蒺藜苜蓿 *Medicago truncatula*［XP_ 003612938.1］，葡萄 *Vitis
vinifera*［AFR78197.1］，山葡萄 *Vitis amurensis*［AFH68208.1］，
百脉根 *Lotus japonicus*［AFK38540.1］，拟南芥 *Arabidopsis thali-*

| | | 1 | 2 | 3 | 4 | 5 | 6 | 7 | 8 | 9 | 10 | | |
|---|---|---|---|---|---|---|---|---|---|---|---|---|---|
| | | | | | | | Percent Identity | | | | | | |
| | 1 | | 70.8 | 49.7 | 47.5 | 48.7 | 52.9 | 41.9 | 51.7 | 51.7 | 41.8 | 1 | Arabidopsis lyrata subsp. lyrata [XP_002871426.1] |
| | 2 | 36.9 | | 52.2 | 49.1 | 51.8 | 54.9 | 41.2 | 51.3 | 51.3 | 43.1 | 2 | Arabidopsis thaliana [NP_569014.1] |
| | 3 | 80.8 | 74.1 | | 52.5 | 74.4 | 83.1 | 44.3 | 60.6 | 59.9 | 47.0 | 3 | Glycine max [NP_001241949.1] |
| | 4 | 86.9 | 82.4 | 73.3 | | 54.8 | 55.2 | 40.9 | 66.8 | 66.5 | 44.2 | 4 | Lotus japonicus [AFK38540.1] |
| Divergence | 5 | 83.5 | 75.1 | 31.4 | 68.0 | | 72.9 | 41.8 | 60.7 | 60.7 | 45.6 | 5 | Maotao_ICE |
| | 6 | 72.3 | 67.7 | 19.2 | 66.9 | 33.6 | | 45.2 | 63.5 | 63.2 | 49.0 | 6 | Medicago truncatula [XP_003612938.1] |
| | 7 | 104.7 | 107.1 | 96.6 | 108.2 | 105.0 | 93.5 | | 47.0 | 47.0 | 46.8 | 7 | Oryza sativa Japonica Group [ADX60261.1 |
| | 8 | 75.4 | 76.5 | 55.4 | 43.8 | 55.1 | 49.7 | 88.3 | | 99.4 | 50.3 | 8 | Vitis amurensis [AFH68208.1] |
| | 9 | 75.4 | 76.5 | 56.7 | 44.3 | 55.1 | 50.3 | 88.3 | 0.6 | | 50.0 | 9 | Vitis vinifera [AFR78197.1] |
| | 10 | 105.0 | 100.5 | 88.1 | 97.0 | 92.4 | 82.6 | 88.9 | 79.0 | 79.9 | | 10 | Zea mays [NP_001142220.1] |
| | | 1 | 2 | 3 | 4 | 5 | 6 | 7 | 8 | 9 | 10 | | |

**图 2 - 22　桃与不同物种间 CBF 基因氨基酸序列相似性比较**

**Figure 2 - 22　The similarity comparation of full amino acid sequences of CBFs among different varieties of peach**

*ana* ［NP_ 569014.1］，玉米 *Zea mays* ［NP_ 001142220.1］，琴叶拟南芥 *Arabidopsis lyrata* subsp. *lyrata* ［XP_ 002871426.1］，水稻 *Oryza sativa* Japonica Group ［ADX60261.1］ 等植物 bHLH 转录因子氨基酸序列同源性达 41.8% ~ 74.4%，其氨基酸序列同源性分别为 74.4%、72.9%、60.7%、60.7%、54.8%、51.8%、45.6%、48.7% 和 41.8%。野生毛桃 PpICE 氨基酸序列与大豆 *Glycine max* ［NP_ 001241949.1］ 和蒺藜苜蓿 *Medicago truncatula* ［XP_ 003612938.1］ 的亲缘关系最近，氨基酸序列同源性分别为 74.4% 和 72.9%；与水稻 *Oryza sativa* Japonica Group ［ADX60261.1］ 的亲缘关系最远，氨基酸序列同源性只有 41.8%。由此可见，比对的物种间 bHLH 转录因子基因编码的氨基酸序列在进化过程中存在一定差异。

　　应用 MEGA5.1 对毛桃 PpICE 与其他物种 bHLH 转录因子基因编码的氨基酸序列进行系统进化树聚类分析（图 2 - 23）。结果表明：野生毛桃 PpICE 与大豆 *Glycine max* ［NP_ 001241949.1］ 和蒺藜苜蓿 *Medicago truncatula* ［XP_ 003612938.1］ 聚为一类，亲缘关系最近；与玉米 *Zea mays* ［NP_ 001142220.1］ 和水稻 Oryza sativa Japonica Group ［ADX60261.1］ 的进化距离较远；说明 bHLH 转录因子家族

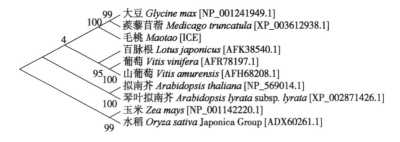

图 2 – 23　桃与不同物种间 bHLH 转录因子基因编码的
氨基酸序列系统进化分析

Figure 2 – 23　Phylogenetic analysis of full amino acid sequences
encoded by a transcription factor gene, bHLH, among
peach and different varieties of species

基因编码的氨基酸序列在进化过程中可能存在种属差异性。

3. 不同桃树品种间 ICE 基因氨基酸序列比对分析

为进一步研究 ICE 基因在不同桃树品种间的遗传多样性，对来自 Duanyu（端玉）、Njn76、Xiufeng（秀峰）、9618、Maotao（毛桃）、Jinqiu（金秋）、Hanlu（寒露）、81715、Santai（三台肉桃）、Danmo（丹墨）、Dajiubao（大久保）、Baimang（白芒）、B6832、Zaojin（早金）、Jinxia（锦霞）和 Zaolu（早露蟠桃）的 16 个品种的 PpICE DNA 进行克隆、测序和比对分析（图 2 – 24）。序列分析结果表明，上述品种 ICE 基因编码氨基酸数目存在较大差异，但多数桃树品种来源 ICE 基因编码氨基酸数目均为 360 个，而品种 Dajiubao、B6832、Zaolu 和 Jingqiu 中该基因分别编码 185、266、184 和 266 个氨基酸残基，这是由于在上述 4 个品种中 ICE 基因内部发生碱基突变，导致翻译提前终止，属于典型的突变基因。与 CBF 相比，桃树 ICE 基因在品种间的多样性略为丰富，供试 16 个品种 ICE 基因的氨基酸相似性介于 91.9% ~ 99.4%（图 2 – 25）。

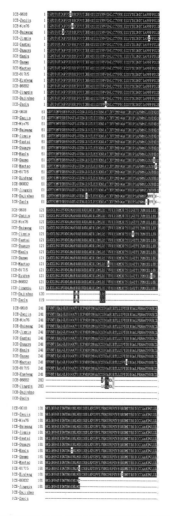

图 2 - 24 不同桃树品种 ICE 基因氨基酸序列相似性比较

Figure 2 - 24 The similarity comparation of full amino
acid sequences of ICEs among different varieties of peach

| Percent Identity | | | | | | | | | | | | | | | | | | |
|---|---|---|---|---|---|---|---|---|---|---|---|---|---|---|---|---|---|---|
| | 1 | 2 | 3 | 4 | 5 | 6 | 7 | 8 | 9 | 10 | 11 | 12 | 13 | 14 | 15 | 16 | | |
| 1 | ■ | 91.9 | 93.0 | 92.4 | 92.4 | 92.4 | 93.0 | 93.0 | 93.0 | 93.0 | 92.4 | 91.9 | 92.4 | 93.0 | 93.0 | 92.4 | 1 | ICE-Zaolu |
| 2 | 5.6 | ■ | 98.9 | 95.5 | 98.9 | 91.9 | 98.9 | 99.2 | 98.9 | 96.3 | 98.6 | 97.8 | 98.9 | 99.2 | 98.6 | 98.9 | 2 | ICE-9618 |
| 3 | 4.5 | 0.8 | ■ | 96.3 | 99.2 | 93.0 | 99.2 | 99.4 | 99.2 | 96.6 | 98.9 | 98.1 | 99.2 | 99.4 | 98.9 | 99.2 | 3 | ICE-81715 |
| 4 | 5.0 | 3.8 | 3.1 | ■ | 95.9 | 92.5 | 95.9 | 96.3 | 95.9 | 98.1 | 95.5 | 94.8 | 95.9 | 96.3 | 95.9 | 95.9 | 4 | ICE-B6832 |
| 5 | 5.0 | 0.6 | 0.3 | 3.5 | ■ | 92.5 | 99.2 | 99.4 | 99.2 | 96.6 | 98.9 | 98.1 | 99.2 | 99.4 | 98.9 | 99.2 | 5 | ICE-Baimang |
| 6 | 2.8 | 6.2 | 5.0 | 5.6 | 5.6 | ■ | 93.0 | 93.0 | 93.0 | 93.0 | 92.5 | 91.9 | 92.5 | 93.0 | 93.0 | 92.5 | 6 | ICE-Dajiubao |
| 7 | 4.5 | 0.8 | 0.6 | 3.5 | 0.6 | 5.0 | ■ | 99.4 | 99.2 | 96.6 | 98.9 | 98.1 | 99.2 | 99.4 | 98.9 | 99.2 | 7 | ICE-Danmo |
| 8 | 4.5 | 0.6 | 0.3 | 3.1 | 0.3 | 5.0 | 0.3 | ■ | 99.4 | 97.0 | 99.2 | 98.3 | 99.4 | 99.7 | 99.2 | 99.4 | 8 | ICE-Duanyu |
| 9 | 4.5 | 0.8 | 0.6 | 3.5 | 0.6 | 5.0 | 0.6 | 0.3 | ■ | 96.6 | 98.9 | 98.1 | 99.2 | 99.4 | 98.9 | 99.2 | 9 | ICE-Hanlu |
| 10 | 4.5 | 2.7 | 2.3 | 1.5 | 2.3 | 5.0 | 2.3 | 1.9 | 2.3 | ■ | 96.3 | 95.5 | 96.6 | 97.0 | 96.6 | 96.6 | 10 | ICE-Jingqiu |
| 11 | 5.0 | 1.1 | 0.8 | 3.8 | 0.8 | 5.6 | 0.8 | 0.6 | 0.8 | 2.7 | ■ | 97.8 | 98.9 | 99.2 | 98.6 | 98.9 | 11 | ICE-Jinxia |
| 12 | 5.6 | 2.0 | 1.7 | 4.6 | 1.7 | 6.2 | 1.7 | 1.4 | 1.7 | 3.5 | 2.0 | ■ | 98.1 | 98.3 | 97.8 | 98.1 | 12 | ICE-Maotao |
| 13 | 5.0 | 0.8 | 0.6 | 3.5 | 0.6 | 5.6 | 0.6 | 0.3 | 0.6 | 2.3 | 0.8 | 1.7 | ■ | 99.4 | 98.9 | 99.2 | 13 | ICE-Njn76 |
| 14 | 4.5 | 0.6 | 0.3 | 3.1 | 0.3 | 5.0 | 0.3 | 0.0 | 0.3 | 1.9 | 0.6 | 1.4 | 0.3 | ■ | 99.2 | 99.4 | 14 | ICE-Santai |
| 15 | 4.5 | 1.1 | 0.8 | 3.5 | 0.8 | 5.0 | 0.8 | 0.6 | 0.8 | 2.3 | 1.1 | 2.0 | 0.8 | 0.6 | ■ | 98.9 | 15 | ICE-Xuefeng |
| 16 | 5.0 | 0.8 | 0.6 | 3.5 | 0.6 | 1.9 | 0.6 | 0.3 | 0.6 | 2.3 | 0.8 | 1.7 | 0.6 | 0.3 | 0.8 | ■ | 16 | ICE-Zaojin |
| | 1 | 2 | 3 | 4 | 5 | 6 | 7 | 8 | 9 | 10 | 11 | 12 | 13 | 14 | 15 | 16 | | |

（左侧纵向标注：Divergence）

**图 2 – 25　不同桃树品种 ICE 基因间氨基酸序列相似性比较**

**Figure 2 – 25　The similarity comparation of full amino acid sequences of ICEs among different varieties of peach**

聚类分析显示（图 2 – 26），Zaolu 与 9618 相似性最低（91.9%），Baimang 与 Duanyu，Baimang 与 Santai，81715 与 Duanyu，Santai 与 Zaojin 的相似性最高，均为 99.4%。进化树分析结果同样显示，供试 16 个品种可聚类为 3 个亚群，其中，B6832 与 jinqiu，Zaolu 与 Dajiubao 各归为一个小亚群，其余 12 品种隶属于另外一个大亚群。综合上述 ICE 基因的相似性和聚类分析结果可知，Zaolu 与 Dajiubao 亚群与现有桃树品种亲缘关系最远，B6832 与 Jinqiu 次之，剩余多数品种亲缘关系较近。需要指出的是上述结果仅仅是根据 ICE 一个基因进行的，至于确切的分类信息还需更多的分子和生理证据进行佐证。

**五、酵母单杂交**

大量研究表明，CBF 转录因子能够识别并与 COR 基因启动子区域的 CRT/DRE 顺式作用元件特异的结合，进而激活在逆境代谢途径中的多个相关基因的表达，为了验证桃 CBF 基因是否

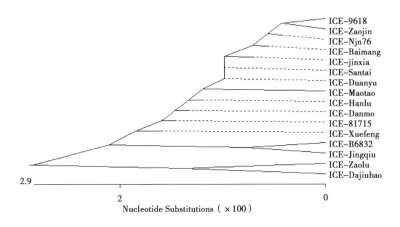

图 2 - 26　不同桃品种 ICE 基因系统进化树

**Figure 2 - 26　The phylogenetic tree of ICEs among different varieties of peach**

也具有相似功能，本试验利用酵母单杂交试验来验证它与 COR 的启动子区域是否有互作作用。

根据我们克隆测序后的桃 CBF 序列的 ORF 分析并设计引物 PpCBFf2 和 PpCBFr2，分别在两引物 5′端引入了 EcoRI 酶和 SpeI 酶切位点，以已经测序的 cDNA 质粒为模板，用该引物进行 PCR 扩增。在 1.0% 的琼脂糖凝胶电泳上分离目标带，然后挖胶回收。进而转化大肠杆菌，提取质粒并测序，用 EcoRI 和 SpeI 酶切含扩增的目的片段的质粒和载体 pPC86（图 2 - 27），把 CBF 基因片段连入蛋白表达载体 pPC86（Leu 营养表现型），构建了蛋白表达载体 pPC86-CBF。

将 CRT/DRE 顺式作用元件的核心序列"CCGAC"，合成 5 个拷贝串联的顺式元件，两端各加一个酶切位点分别是 BamHI 和 XbaI，就形成了诱饵序列 S011PpCBF。将这个合成的 COR 基因的顺式作用元件连入用 BamHI 和 XbaI 双酶切后（图 2 - 28）

的启动子表达载体 pRS315His（Trp 营养表现型），构建了诱饵载体质粒 pRS315His. S011。

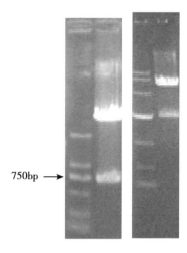
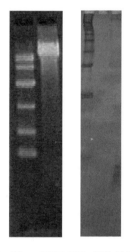

750bp ➞

图 2-27　T 质粒载体与 pPC86　　　图 2-28　pRS315His 载体的酶切

　　　载体双酶切图　　　　　　　　　图右为 8% 的 page 胶

注：M：DL2 000Marker 和 5 000Marker　　　　注：M：DL5 000Marker

**Figure 2-27　Restriction**　　　　　　（小片段只有 40bp）

**endonuclease double**　　　**Figure 2-28　Restriction**

**digestion of T plasmid**　　　**endonuclease digestion**

**vector and pPC86 vector**　　　**of pRS315His vector**

Note：M：DL2 000Marker and 5 000Marker　　**Right is 8% page gel**

　　　　　　　　　　Note：M：DL5 000Marker（only small

　　　　　　　　　　　　fragments of 40bp）

　　采用 LiAc 转化法将两种载体共转化酵母 yWAM2 细胞，共转化的克隆在酵母培养基 SD/Leu-/Trp-/His-上的生长情况如图 2-29 所示，菌落生长良好；而单独转 pPC86 的 yWAM2 在 SD/-Leu/-His、只转 pRS315His 的 yWAM2 在 SD/-trp/-His 和单独 yWAM2 菌株在 SD/-His 上都无菌落生长（图 2-29 至图 2-

32)，说明该菌株的 His 本底表达现象不明显，不需要用 3-AT（组氨酸竞争性抑制剂）；CBF 基因表达的目的蛋白与启动子有互作作用。

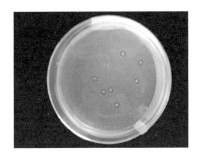

图 2－29　共转化的克隆在 SD/
Leu-/Trp-/His 上的生长情况
Figure 2－29　The growth
situation of co-transformed clones
in SD/Leu-/Trp-/His

图 2－30　yWAM2 菌株在 SD/-
His 生长情况
Figure 2－30　The growth
situation of yWAM2 strains
in SD/-His

图 2－31　转 pPC86 的 yWAM2
在 SD/-Leu/-Hisy 生长情况
Figure 2－31　The growth situation
of yWAM2 transformed by
pPC86 in SD/-Leu/-Hisy

图 2－32　转 pRS315His 的 yWAM2
在 SD/-trp/-His 生长情况
Figure 2－32　The growth
situation of yWAM2 transformed
by pRS315His in SD/-trp/－His

# 第五节　小结与讨论

## 一、桃的核酸提取

桃是多年生的木本果树，其基因组 DNA 和总 RNA 的提取都较草本植物困难。采用常规的方法很难提取出质量合格的能用于后续分子操作的核酸。据我们对核桃树种中核酸提取经验，直接采用了改良 CTAB 法来提取桃基因组 DNA。实践证明，桃的基因组比核桃相对容易提取，这可能是由于桃内的次生物质比核桃少，比如核桃中的酚类物质就比桃组织中含量高，所以，此次没有使用 PVPP 等除酚效果强的试剂。该法的优点是通过多次的 CTAB/NaCl 溶液和 β-巯基乙醇的使用，对去除酚和糖等次生代谢物效果明显。

RNA 的极易降解和桃中次生代谢物的污染残留，这两个问题直接关系到所提 RNA 的质量。桃叶片中的多糖含量丰富，尤其生长后期的叶片常使所提的 RNA 溶液黏稠，造成点样困难，甚至出现"漂样"现象，这是因为多糖的许多理化性质都和 RNA 相似，在抽提中和 RNA 形成难溶的胶状物质，与 RNA 一起被沉淀所致[195]；另外，桃组织中多酚和蛋白质等物质含量也较多，从细胞破碎开始，这些成分与多糖物质就开始以不同方式干扰 RNA 的提取，如众所周知的酚类物质氧化后形成的醌类物质可使 RNA 失活[196]，这些都严重影响了所提 RNA 的产量与质量。要想去除这些物质的污染往往需要采用不止一种物质的多步纯化，步骤繁琐，时间冗长，不但其产率大减，关键是 RNA 降解的机会也大大增加了。本课题组也曾选取多种方法对桃叶片 RNA 进行提取研究，在众多方法如改良硼砂-CTAB 法、改良 CTAB 法、改良 SDS-苯酚法、Trizol 法等方法中，最后还是认为

Trizol 法操作步骤最少，所用试剂也最简单，需时也少，尤其 Trizol 试剂能在第一时间有效抑制 RNA 活性、还具有去除基因组 DNA 的效果，因而被广泛采用。但在本试验中必须加以改良才能达到预期效果：首先，在加入 Trizol 试剂后先离心，再加氯仿，可以加大氯仿的作用强度，对前期去除蛋白污染作用明显；其次，高盐溶液的使用可以去除多糖残留；最后，可以适当增加离心的转数和延长离心时间等。

最后，在检测 RNA 质量的过程中也要防止其降解。如凝胶电泳检测 RNA 完整性是比较直观的方法，但检测过程中如操作不当很容易造成降解。我们的体会是：除了电泳槽要用新配制的电泳液清洗，并用新电泳液电泳外，电泳时间也是关键因素，我们常用 0.8% 的琼脂糖凝胶点样，然后保证在 15min 内电泳结束，染色（后染，染液也新配制）在 5min 内完成，效果较好。而何利刚[194] 是在 0.5% 的琼脂糖凝胶上点样，在 150V 高电压条件下快速电泳 5～10min，所用时间更短，应该也值得借鉴。

## 二、CBF 和 ICE 基因的克隆

在基因克隆过程中有几个环节决定克隆的成功与否。首先就是引物的特异性，要尽可能的分析多个物种的包含 ORF 在内的保守氨基酸序列，尤其要重点参考与本物种亲缘关系最近的物种的氨基酸序列，然后按引物设计原则进行设计。从克隆结果看，我们针对 CBF 和 ICE 基因而设计的两对引物的特异性较好，这是取得克隆成功的第一步，也是成功的重要保证；其次，克隆体系中最关键的就是所使用的 DNA 聚合酶，同样的体系但所使用的酶不同，效果差异直接就是克隆片段的有与无，如遇克隆时没有扩增到目的带时，可以试试不同的扩增酶系。我们在克隆 ICE 基因的时候就遇到了这样的问题，也是这样解决的；最后就是退火温度的选择，建议初次扩增时选用梯度 PCR 较好，可以将退火温度锁

定在一个狭小范围内，可以减少工作量，做到扩增的节约高效。

### 三、CBF 基因的序列分析

已获得的桃 CBF 基因的 cDNA 序列与 DNA 序列全长均为 894bp，说明桃 PpCBF 基因不含内含子，这与目前已知的很多物种的 CBF 同源基因不含内含子的结论一致。

对生产中的 16 个主要品种的 CBF 基因进行了克隆和序列分析，发现它们的基因全长都是 894bp，其推导的氨基酸序列显示，这 16 个品种均编码 229 个氨基酸，氨基酸序列在品种间差异也不多，只有个别氨基酸发生改变，其中 yidali 和 B6832 在 AP2 结构域发生单个氨基酸的变化；81715 和 baimang 分别在第一个酪蛋白激酶Ⅱ磷酸化位点和第一个 N-豆蔻酰化位点（12~17、34~39）内发生单个氨基酸变化，其他单个氨基酸变化发生在功能位点外。总之，CBF 在多品种间氨基酸序列高度相似，达 97.8%~99.6%。由此可见，该基因在品种进化过程中是高度保守的。

与其他物种同源性分析显示，该基因编码的氨基酸序列在物种间差异较大。在与其他 10 个不同物种比较下，桃 PpCBF 氨基酸序列与苹果和沙梨氨基酸序列同源性最高，分别为 84% 和 81.3%，它们间的亲缘关系也最近；与橡胶树的亲缘关系最远，氨基酸序列同源性只有 66.1%。说明 AP2 超家族基因编码的氨基酸序列在进化过程中可能存在种属差异性，但多重比较显示，除 AP2 功能域的氨基酸序列高度保守，3′端和 5′端氨基酸序列在物种间的变化都较大。

### 四、ICE 基因的序列分析

已获得的毛桃 ICE 基因的 cDNA 序列全长为 1 160bp，DNA 序列全长为 1 585bp，分析显示其含有 3 个内含子。

对生产中的 16 个主要品种的 ICE 基因进行了克隆和序列分

析表明，其序列全长在基因水平上差异很大，对其推导的氨基酸序列分析也表明，这些品种 ICE 基因编码氨基酸数目差异较大，其中多数品种的 ICE 基因编码氨基酸数目均为 360 个，而品种 Dajiubao，B6832，Zaolu 和 Jinqiu 却分别编码 185、266、184 和 266 个氨基酸残基，分析显示这 4 个品种的 ICE 基因内部发生碱基突变，导致翻译提前终止，属于典型的突变基因。而且，这一突变涉及了 bHLH 功能域，即 Dajiubao 和 Zaolu 都不能编码这一功能域，而 Jinqiu 和 B6832 也仅留有几个涉及该功能域的氨基酸残基。这种突变的意义和作用是值得进一步挖掘和验证的。

与其他物种同源性分析显示，该基因编码的氨基酸序列在物种间差异更大。在与其他 9 个不同物种比较下，毛桃 PpICE 氨基酸序列与大豆和蒺藜苜蓿的亲缘关系最近，序列同源性分别为 74.4% 和 72.9%；与水稻的亲缘关系最远，氨基酸序列同源性只有 41.8%。多重比较显示，不同物种的氨基酸序列除在 bHLH 功能域高度保守外，3′端也相对保守，5′端差异很大。说明 3′端在选择压力下仍然保持下来，其对 ICE 基因的功能是必需的。

**五、酵母单杂交**

通过把 CBF 基因片段连入载体 pPC86（Leu 营养表现型），构建了蛋白表达载体 pPC86-CBF；同时根据 CRT/DRE 顺式作用元件的核心序列"CCGAC"合成了诱饵序列 S011PpCBF 并与载体 pRS315His（Trp 营养表现型）连接，构建了诱饵载体质粒 pRS315His. S011。将这两种载体共转化酵母 yWAM2 细胞，并将克隆在 SD/Leu-/Trp-/His-酵母培养基上培养，发现菌落生长良好，证明了桃 CBF 基因能够识别并与 COR 基因启动子区域的 CRT/DRE 顺式作用元件特异的结合，也就具有激活 COR 基因等多个与低温诱导相关的基因表达，证明了桃 CBF 基因在植物抵抗低温和逆境的信号传导过程中发挥重要调控作用。

# 第三章

# 桃CBF和ICE基因
## 的烟草转化

## 第一节 引言

很久以来，人们对植物所受寒害的研究主要集中于形态结构、生物物理和生物化学等方面，因此在植物抗寒的形态学、生理生化和生态等方面都取得了较广泛的进展。近年来，随着分子生物学理论及技术的快速发展，对抗寒性的研究已经深入到分子层面，不但克隆到了编码在抗寒生化代谢过程中的关键酶和低温胁迫信号传导的许多相关蛋白的重要基因，而且已经通过基因工程手段，采用重组 DNA 和转基因技术向栽培植物导入这些抗寒性相关的外源目的基因，植物抗寒基因工程的发展如雨后春笋，呈现一派欣欣向荣之景。

目前，转基因技术已经成为改良植物耐逆境性能的重要途径和方法。已经有很多植物中被转入与渗透调节和膜稳定性相关的基因、抗冻蛋白基因、抗氧化酶活性基因以及一些冷诱导基因等[197,90,198~200]，并试图以此来改良作物的抗寒性。如过量表达半乳糖合成基因，会使棉籽糖和半乳糖在植物体内积累，进而增强了转基因植物的耐旱性[201]；植物转入 DREBlA 基因后，也发现有大量半乳糖和棉籽糖在体内积累，它们能在植物处于干旱胁迫期间作为渗透保护剂而发挥作用[6]；当把海藻糖合成基因转入植株，植株就会提高耐旱能力；研究者们从冷敏感性强的南瓜、抗寒性较强的拟南芥分离出甘油-3-磷酸酰基转移酶基因，将它们分别转入烟草，结果发现转南瓜甘油-3-磷酸酰基转移酶基因的烟草转化植株的冷敏感性增加，体内磷酰甘油的不饱和脂肪酸含量明显下降；而转拟南芥甘油-3-磷酸酰基转移酶基因的烟草转化株冷敏感性下降，不饱和脂肪酸含量明显增加[70]。以上研究都是通过转入单个与抗寒有关的功能基因来改良植物抗寒性的，然而，越来越多的科研成果证实：由于植物抗冷性是由多基因控制的复杂的数量性状，仅靠单个基因的转入很难彻底改善[202]。

自从 CBF（CRT/DRE-binding factors）类转录因子被发现后，在人类抗寒性育种进程中敞开了一扇崭新的大门，抗寒性育种也步入了更深的层次。CBF 属于转录激活因子，其最主要的生理生化功能就是可通过与 CRT/DRE DNA 调控元件的特异结合，激活启动子中含这一顺式作用元件的一系列与抗寒有关的基因（COR 基因）的表达，在细胞内产生了级联放大的效应，使植物通过多方面的生理生化变化来抵御胁迫[92,121,203]。对超表达 CBF1 基因的拟南芥研究发现，其 cor 基因即使没有低温刺激也能够表达，而且证实了超表达 CBF1 的植株的抗冻性比仅表达 cor1 的单个基因的植株的抗冻性要强得多[92]；Jagol-Ottosen 等把 CBFl 基因转入苜蓿中，发现有许多 CORPs 基因被诱导合成，植物的抗寒性明显提高[92]。由此可见，转入抗寒的关键转录因子就可调控多个抗寒基因的表达，进而大幅度改善植物抗寒能力。因此，近年来，关于转录因子的分离鉴定和对其抗寒性的机制的研究成为了抗寒性育种中研究的热点之一。

ICE 是在研究 CBF 基因的抗寒机制过程新发现的又一类转录调控因子，它可以在低温下诱导激活 CBF 基因家族的表达，CBF 再对下游的 COR 基因进行表达调控，使植物通过一定的生理生化变化来增加抗寒性[107,92,121,203]。2003 年，Chinnusamy

等[205]获得了转 ICE1 基因的拟南芥植株，耐寒能力显著高于非转基因拟南芥；黄文功等[179]用拟南芥 ICE1 基因转化烟草，发现其比野生型烟草的抗寒性明显提高。目前仅从拟南芥、芥菜、水稻、玉米、大豆、棉花、马铃薯、油菜和小麦等植物中分离到 ICE1 基因[161,175,176,178]，现有的研究表明，ICE1 基因同 CBF 基因一样，都可以调控下游的多个基因表达，以增强对低温等多种逆境的适应能力。因此，ICE1 的发现为人们利用转录因子来改良植物抗寒性的育种之路起到了推波助澜的作用。

有关 CBF 和 ICE 基因在果树上的研究非常匮乏。我们对多个桃品种的两个基因进行了克隆，对其序列进行了分析，发现 CBF 基因序列在品种间变化不大；但 ICE 基因相对变化较明显，为研究桃的这两个基因的功能，我们将这两个基因转入烟草，希望能为桃的抗寒性育种提供重要的分子资源，为通过基因工程手段改良桃树的耐寒品种奠定一定的基础。

## 第二节　试验材料与仪器

### 一、试验材料

中烟 100 种子。

### 二、主要化学试剂

DNA Marker、dNTP、PolyA 等购自 Takara 公司；DNA 回收纯化试剂盒购自原平皓生物技术有限公司；Taq DNA 聚合酶、限制性内切酶、T$_4$DNA 连接酶、抗生素 Amp 等购自大连宝生物工程有限公司；氨苄青霉素（Amp）、羧苄青霉素（Carb）购自 Sigma 公司；酵母提取物（Yeast Extract）购自上海生工生物技术有限公司。其余常规药品均为进口或国产分析纯级。

### 三、主要仪器设备

电热恒温水浴锅、恒温箱、微量移液器、枪头、高速冷冻离心机、普通台式离心机、离心管、BiometraT3000 型 PCR 扩增仪、北京六一仪器厂 DYY-7C 型电泳仪、超低温冰箱、凝胶成像系统 A18、PB-10 型精密 pH 计、ND-1000 型紫外分光光度计。

# 第三节　试验方法

## 一、P3301. PpCBF 和 UN. ICE 表达载体构建

为了进一步研究 PpCBF 和 PpICE 基因的功能，本试验以转基因体系相对成熟，具有对生长条件要求不高，而且生长周期较短等优点的烟草作为遗传转化的受体材料。为此首先需要构建烟草植株转化表达载体，所用载体母核是 PCAMBIA3301 和 UN。

1. P3301. PpCBF 表达载体的构建

（1）CBF 基因 DNA 插入片段的获得

通过对第一章已分离得到的且测序正确的桃 PpCBF 基因的 DNA 片段和质粒载体 pCAMBIA3301 的限制性酶切位点，在目的基因的编码区设计带有 *BglI* 和 *BstEII* 酶切位点的引物。新形成的引物分别为

PpCBFf1（AGATCTCCAGTGATTCGAGCTCGG）和

PpCBFr1（GGTGACCGAAGTACAAAATTTAACAATTTCTCACAACACATAA）。

以第一章中鉴定测序正确的 pGM-T：PpCBF 质粒 DNA 为模板，采用由大连宝生物工程公司提供的高保真 DNA 聚合酶进行扩增：

20μl PCR 反应体系如下：

| Reagents | Volume（μl） |
| --- | --- |
| 10 × LA Taq PCR Buffer（Takara） | 2 |
| dNTP Mixture s（2.5 mmol · L$^{-1}$） | 1.2 |
| LA *Taq* DNA Polymerase（Takara，5 U · μl$^{-1}$） | 0.2 |
| pGM-T：PpCBF 质粒 DNA | 2 |
| PpCBFf1（10μmol · L$^{-1}$） | 1 |
| PpCBFr1（10μmo · L$^{-1}$） | 1 |
| ddH$_2$O | 12.6 |
| total | 20 |

反应在 BiometraT3000 型（德国）PCR 扩增仪上进行。PCR 循环参数为：94℃预变性 4min；94℃变性 40s，56.5℃退火 45s，72℃延伸 60s，从第二步开始进行 34 个循环；72℃延伸 10min，4℃保存。

于 1.2% 琼脂糖凝胶上检测上述扩增产物，电泳电压为 120V 30min，用 0.5μg · ml$^{-1}$的溴化乙锭染色 10min。于凝胶成像系统下参照标准分子量估测扩增 DNA 片段的大小，若与预计的大小相符，则在紫外灯下小心切取目的条带，并用琼脂糖凝胶 DNA 回收试剂盒回收扩增出的片段。回收的目的片段，需要再次连接到 pGM-T 载体，并转入大肠杆菌 DH5a 细胞中转化，对阳性克隆菌落提取质粒。从 PCR 产物检测到大肠杆菌重组质粒，提取的方法均同第一章。这里还需要将阳性菌落或质粒送华大基因工程有限公司进行序列测定，验证序列的可靠性。如序列完全正确，即可进行后续研究。

接下来需要对所提质粒进行双酶切，才能获得所需要的插入片段。其反应条件及体系如下。

a. 取一灭菌的 200μl 的离心管按顺序依次加入：

$$\left\{\begin{array}{ll}10 \times \text{Buffer} & 2\mu\text{l} \\ BglI & 1\mu\text{l} \\ \text{Plasmid} & 7\mu\text{l} \\ \text{ddH}_2\text{O} & \text{补足} 20\mu\text{l}\end{array}\right.$$

混匀，37℃水浴 3h。

b. 再加 2 倍体积的无水乙醇（先于 4℃ 放置 1h，后经 12 000rpm 离心 10min），再用 75% 的酒精洗涤一次，晾干后向离心管中加入：

$$\left\{\begin{array}{ll}10 \times \text{Buffer} & 2\mu\text{l} \\ BstEII \text{ 酶} & 1\mu\text{l} \\ \text{ddH}_2\text{O} & 17\mu\text{l}\end{array}\right.$$

混匀，60℃水浴 3h。

于 1.2% 的琼脂糖凝胶上检测，在紫外光下切取并用琼脂糖 DNA 回收凝胶剂盒回收小片段。

（2）PCAMBIA3301 载体的双酶切

对 PCAMBIA3301 载体同样进行 BglI 和 BstEII 酶双酶切，酶切体系和酶切条件同上。酶切产物经 1.2% 的琼脂糖凝胶电泳检测，在紫外光下切下大片段，用琼脂糖 DNA 回收凝胶剂盒回收大片段。

（3）P3301. PpCBF 表达质粒的形成

a. 将上述大、小两个回收片段用 T4 连接酶连接。

b. 把连接产物转入大肠杆菌 DH5a 细胞，大肠杆菌的转化具体操作参考第一章。抗生素为卡那霉素（Kan），终浓度为 50mg·L$^{-1}$，复苏活化时加入 200μl 液体 LB，布皿时 200μl 活化产物全部使用，以尽可能筛选到含有目的表达载体的大肠杆菌阳性菌落。37℃恒温培养箱中暗培养 12 ~ 16h，转化完成。4℃取出保存的转化平板，挑取形状规则的单菌落，加入到含有 100mg·L$^{-1}$Kan 的 LB 液体培养基中于 37℃恒温摇床中继续振荡培养 12～16h，适当延长培养时间，以达到需要的菌液浓度。

 c. 采用菌液 PCR 验证阳性重组质粒。

 d. 质粒提取和菌液保存，同时进行测序。

 e. 将阳性的质粒表达载体命名为：P3301. PpCBF。

2. UN. ICE 表达载体构建

（1）ICE 基因 DNA 插入片段的获得

根据质粒载体 UN 的限制性酶切位点和已分离得到的桃 PpICE 基因的 DNA 片段，在原引物 PpICEf0 （CCACTCCCTCCT-TAAACAGTGT） 和 PpICEr0 （TTGTAAGCAGCCCTTTTCATT） 的末端加上 *KpnI* 和 *SacI* 酶切位点形成新的引物：即 PpICEf1 （GG-TACCCACTCCCTCCTTAAACAGTGT） 和 PpICEr1 （GAGCTCTT-GTAAGCAGCCCTTTTCATT）。

以第一章中鉴定测序正确的 pGM-T：PpICE 质粒 DNA 为模板，采用由大连宝生物工程公司提供的高保真 DNA 聚合酶进行扩增：

20μl PCR 反应体系如下：

| Reagents | Volume （μl） |
|---|---|
| 10 × LA Taq PCR Buffer （Takara） | 2 |
| dNTP Mixture s （2. 5 mmol·L$^{-1}$） | 1. 2 |
| LA *Taq* DNA Polymerase （Takara，5U·μl$^{-1}$） | 0. 2 |
| pGM-T：PpICE 质粒 DNA | 2 |
| PpICEf1 （10 μmol·L$^{-1}$） | 1 |
| PpICEr1 （1 0μmol·L$^{-1}$） | 1 |
| ddH$_2$O | 12. 6 |
| total | 20 |

反应在 Biometra T3000 型 （德国） PCR 扩增仪上进行。PCR

循环参数为：94℃预变性 4min；94℃变性 40s，56.5℃退火 45s，72℃延伸 90s，从第二步开始进行 34 个循环；72℃延伸 10min，4℃保存。

　　配制 1.0% 琼脂糖凝胶，对上述扩增产物进行琼脂糖凝胶电泳，两极间电压为 120V 30min，用 $0.5\mu g \cdot ml^{-1}$ 的溴化乙锭染色 10min。于凝胶成像系统下参照标准分子量估测扩增 DNA 片段的大小，若与预计的大小相符，则在紫外灯下小心切取目的条带并用回收试剂盒回收扩增片段。目的片段需要再次连接到 pGM-T 载体，并转入大肠杆菌 DH5a 细胞中转化，对阳性克隆菌落提取质粒。从 PCR 产物检测到大肠杆菌重组质粒提取的方法均同第一章。这里还需要将阳性菌落或质粒送华大基因工程有限公司进行序列测定，验证序列的可靠性。如序列完全正确，即可进行后续研究。

　　接下来需要对所提质粒进行双酶切，才能获得所需的插入片段。其反应条件及体系如下。

　　a. 取一灭菌的 $200\mu l$ 的离心管按顺序依次加入：

$$
\begin{cases}
1 \times L & 2\mu l \\
KpnI & 1\mu l \\
SacI\ 酶 & 1\mu l \\
Plasmid & 8 \sim 10\mu l \\
ddH_2O & 补足 20\mu l
\end{cases}
$$

　　b. 混匀，37℃水浴 3 ~ 4h。

　　1.0% 的琼脂糖凝胶电泳检测酶切产物，将所需要的目的片段在紫外光下切下来，用琼脂糖 DNA 回收凝胶剂盒回收纯化小片段。后续操作同前。

　　(2) UN 载体的双酶切

　　对 UN 载体同样进行 KpnI 和 SacI 酶双酶切，酶切体系和酶切条件同上。酶切产物经 1.0% 的琼脂糖凝胶电泳检测，切下并回收大片段。

（3） UN. PpICE 表达质粒的形成

a. 将上述大、小两个回收片段用 T4 连接酶连接。

b. 把连接产物转入大肠杆菌 DH5a 细胞（用含 50mg · ml$^{-1}$ 卡那霉素进行筛选），涂板、挑选单菌落，摇菌。

c. 质粒提取和菌液保存。

d. 重组质粒的双酶切鉴定。

e. 将阳性的质粒表达载体命名为：UN. PpICE。

## 二、农杆菌工程菌的获得与鉴定

### 1. 农杆菌感受态细胞的制备

a. 取出 -80℃保存的含农杆菌菌株 EHA105 的菌液，冰上冻融，划线接菌于 YEB（LB）固体培养基（含 Rif 50mg · L$^{-1}$）中，28℃恒温培养 2d。

b. 挑取上述培养的农杆菌 EHA105 单菌落，接种于 10ml YEB（LB）液体培养基（含 Rif 50 mg · L$^{-1}$），于恒温摇床中 28℃、200rpm · min$^{-1}$培养过夜。

c. 取上述过夜培养物的菌液 2ml，在 50mlYEB（LB）液体培养基及 200rpm · min$^{-1}$28℃继续培养至 OD$_{600}$为 0. 5 ~ 1。

d. 冰浴 30min，4℃ 4 000rpm 离心 10min，弃上清液，收集菌体。

e. 加入 1ml 预冷的 0. 15mol · L$^{-1}$CaCl$_2$，使沉淀的菌体细胞充分悬浮。

f. 将菌液分装，并加入预冷的 50% 甘油，液氮中速冻后于 -80℃保存。

### 2. 农杆菌工程菌的制备

a. 从 -80℃冰箱中取出制备好的根癌农杆菌感受态细胞；同时从 -20℃取出鉴定的阳性重组表达质粒 P3301. PpCBF 和 UN. PpICE，将两者置于冰上冻融。

b. 把 YEB（LB）固体培养基放于微波炉中，小火加热，慢慢熔化，待冷却至稍微有些烫手时，大约40℃左右，加入冰上冻融的 Kan 和 -20℃ 密封保存的 Rif，使其终浓度均为 50mg·L$^{-1}$，布皿，待冷却凝固后备用。

c. 取 1.5ml 无菌离心管，冰上预冷，先加入 100μl 冰上冻融的根癌农杆菌感受态细胞，再加 8 ~ 10μl 带有目的片段的重组表达质粒 DNA，用移液枪轻轻吸打混匀，封口膜封口，冰浴 30min。

d. 冰浴完成后立即取出离心管，置液氮中速冻 2min（速冻时间很重要，这是很关键的一步）。

e. 37℃ 水浴锅中水浴 5min。

f. 转移至冰上后，加入 500μl 无抗生素的 YEB（LB）液体培养基，置 28℃ 恒温摇床上振荡培养 3 ~ 5h，转速为 100 r·min$^{-1}$，使抗性基因得到表达。

g. 10 000rpm 离心 1min 以浓缩菌液，超净工作台上吸掉一部分上清液，再回溶菌体。

h. 吸取 200μl 均匀涂布于制备好的含 YEP（LB）固体培养基（含 Rif50mg·L$^{-1}$，Kan 50mg·L$^{-1}$）LB 固体培养基上，封口膜密封并标记，同时设置一个仅含抗生素的平板做对照。

i. 置于 28℃ 恒温培养箱中倒置培养 2 ~ 3d 后检测其生长情况。生长好后，取出 4℃ 保存。

3. 农杆菌阳性工程菌的鉴定

从 4℃ 取出保存的根癌农杆菌培养皿，于超净工作台上挑取形状规则的单菌落，置于 5ml 含有 50mg·L$^{-1}$ Rif 和 50mg·L$^{-1}$ Kan 的 LB 液体培养基中，28℃ 振荡增殖培养 36 ~ 48h。

摇好的菌液要做好菌液保存和质粒提取工作。取菌液 1.5ml，加入无菌甘油，密封混匀；剩下的菌液提取质粒 DNA，质粒 DNA 的提取具体操作参考第一章相关内容。提取完成后，最后加入 35μl ddH$_2$O 溶解质粒 DNA。

（1）含 CBF 基因片段的农杆菌阳性工程菌的鉴定

含 CBF 基因片段的农杆菌阳性工程菌的鉴定采用的是菌液 PCR 检测法，即：

吸取 1μl 增殖培养物作模板，以 PpCBFf1（AGATCTCCAGT-GATTCGAGCTCGG）和 PpCBFr1（GGTGACCGAAGTACAAAATT-TAACAATTTCTCACAACACATAA）为引物，进行 PCR 反应，反应体系和程序同前。反应结束后取 10μlPCR 产物进行琼脂糖凝胶电泳，以检测是否有相应大小的条带。

（2）含 ICE 基因片段的农杆菌阳性工程菌的鉴定

含 ICE 基因片段的农杆菌阳性工程菌的鉴定采用的是酶切鉴定法，即用 *KpnI* 和 *SacI* 酶同时消化重组质粒，并将消化产物用 1.0% 的琼脂糖凝胶电泳分离，双酶切后得到载体和外源目的基因两个片段的质粒即为重组质粒。

对鉴定结果为阳性的重组质粒和其菌液要做如下处理：阳性根癌农杆菌菌液可以取 1.5ml，加入 50% 无菌甘油，混匀后，封口膜密封，标记（最好分装保存，避免反复冻融），−80℃ 超低温保存备用；阳性质粒分装保存。

### 三、表达载体对烟草的转化

1. 烟草无菌苗的培养

取中烟 100 烟草种子于超净工作台上，用 75% 乙醇表面消毒 60s，无菌水冲洗 3 次；然后用 20% NaClO 消毒 10min，无菌水冲洗 3～5 次，用灭菌的滤纸吸干，接种于 MS 培养基上。培养条件是：培养温度为（26±1）℃，光照强度为 2 000lx，每日光照 16h，每 30d 继代一次。待烟草生长至 5～6 片真叶期，备用。

2. 对烟草的遗传转化

以农杆菌菌株 EHA105 为介导，将构建好的表达载体 p3301：PpCBF 和 UN：PpICE 导入烟草遗传转化体系。

（1）烟草浸染及共培养

①根癌农杆菌工程菌的恢复培养

从 $-80℃$ 超低温冰箱取出保存的根癌农杆菌工程菌菌液，冰上冻融，用接种针蘸取少许，于含有 $50\mu g \cdot ml^{-1}$ Rif 和 $50\mu g \cdot ml^{-1}$ Kan 的 LB 固体培养基上轻轻划线，密封并标记，于 $28℃$ 恒温培养箱中倒置恢复暗培养 $48 \sim 72h$。

在超净工作台上，用无菌手术刀片小心收集菌落，于 40ml 烟草 MS 液体基本培养基中悬浮培养 $3 \sim 4h$；3 000g 离心 15min，收集菌体，MS 液体培养基重悬，并调 $OD_{600}$ 为 0.5 左右即可。

②烟草叶盘的获得

选取生长状态良好的烟草无菌苗，在超净工作台中，用无菌手术刀片切取烟草无菌苗幼嫩、健壮叶片，在灭菌滤纸上去除叶片主脉，用无菌剪刀将叶片剪成 $0.5cm \times 0.5cm$ 大小的叶盘，置于 MS 分化培养基中，$28℃$，光照时间 $16h \cdot d^{-1}$，光照强度 2 000lx，预培养 2d。

③根癌农杆菌工程菌对烟草叶盘的侵染与共培养

将预培养后的烟草叶片与制备好的根癌农杆菌浸染菌液混合，搅拌并不断振荡 5min 左右，以使烟草叶盘能够与根癌农杆菌菌液充分接触，提高烟草转化效率。

浸染 5min 后，倒去浸染菌液，将浸染后的叶盘置于无菌滤纸上，轻轻吸去粘在叶盘上多余的菌液。然后将烟草叶盘的叶背向下平放在烟草共培养基（$MS_0$ 固体培养基）上，封口，标记，于培养室中 $26℃$ 暗培养 $48 \sim 72h$。

（2）转基因烟草的选择性培养

①转基因烟草的芽诱导

a. 共培养结束后，取出暗培养烟草培养皿，于超净工作台中，用无菌镊子将膨大变形的叶盘取出，放入无菌水中，用无菌镊子不断轻微搅拌漂洗 10min。

b. 用无菌镊子将清洗后的叶片放入装有无菌水的离心管中，摇床中 28℃，低速慢摇 15min。

c. 将（1）②中的叶片取出用无菌滤纸吸干，放于含 100μg·ml$^{-1}$Kan 和 500μg·ml$^{-1}$cef 的 MS$_1$ 液体选择培养基中，摇床中 28℃，200rpm 摇 20min。

d. 将（1）③中叶片取出来，放在无菌滤纸上吸去叶片表面的 MS$_1$ 液体培养基。

e. 将表面干燥的叶片接种到 MS$_1$ 固体培养基中，进行芽诱导，光周期为 14h，28℃下培养 20～30d。

每 2 个星期左右更换 1 次培养基。

②转基因烟草的根诱导

当抗性不定芽生长至 1cm 左右时，就可以用无菌剪刀剪去抗性芽基部，将抗性芽上部分转移到含有 50μg·ml$^{-1}$Kan 和 250μg·ml$^{-1}$Cef 的 MS$_2$ 固体生根培养基中进行生根诱导培养。

约 15d 左右，抗性不定芽基部就会长出不定根，形成完整烟草植株。

根系发育好后，一般为 5～6 片叶时，就可以练苗，移栽入盛有无菌土的花盆中，温室常规管理。

（3）转基因烟草组织培养所需培养基

①共培养培养基

共培养培养基为 MS$_0$ 培养基，即：MS ＋1mg·L$^{-1}$6 – BA ＋0.1mg·L$^{-1}$NAA。

其中，1L 培养基中加蔗糖 30g·L$^{-1}$，用 1mol·L$^{-1}$NaOH 调 pH 值至 5.8；固体培养基附加 8g·L$^{-1}$琼脂，121℃灭菌 20min。

②筛选培养培养基

筛选培养培养基包括芽诱导和根诱导两种：

a. MS$_1$ 培养基（芽诱导）：MS$_0$ ＋100mg·L$^{-1}$Kan ＋400mg·L$^{-1}$Car。

b. MS$_2$ 培养基（根诱导）：MS$_0$ + 100mg · L$^{-1}$Kan + 250mg · L$^{-1}$Car + 0.1mg · L$^{-1}$NAA。

# 第四节　结果与分析

## 一、表达载体的构建

### 1. P3301. PpCBF 表达载体的构建

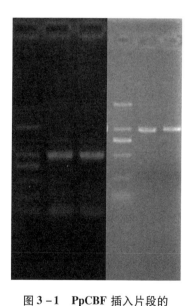

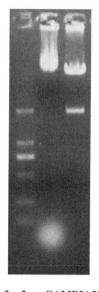

图 3 - 1　PpCBF 插入片段的
PCR 扩增及回收纯化图

注：M：DL2 000Marker

**Figure 3 – 1　PCR amplification
and purification of PpCBF
insert fragment**

图 3 - 2　pCAMBIA3301
空载体的双酶切图

注：M：DL2 000Marker

**Figure 3 – 2　Restriction endonuclease
double digestion of pCAMBIA
3301 empty vector**

Note：M：DL2 000Marker

为进一步研究 PpCBF 基因在植物体内的功能，我们以 pCAMBIA3301 为母核，构建了 35S 启动子驱动的植物转化载体。在构建过程中，先用分别含 *BglI* 和 *BstEII* 酶切位点的引物 PpCBFf1 和 PpCBFr1 扩增含有目的基因的阳性质粒，采用 PCR 扩增（图 3 - 1）后，使目的片段的 5' 和 3' 端分别引入 *BglI* 和 *BstEII* 酶切位点；将该扩增产物继续与 T 载体连接，转化大肠

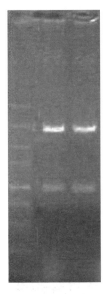

图 3 - 3 植物转化载体
pCAMBIA3301. PpCBF
双酶切电泳图

注：M：DL5000Marker

**Figure 3 - 3 Restriction endonuclease**
**double digestion of plasmid**
**pCAMBIA3301-PpCBF**

Note：M：DL2 000Marker

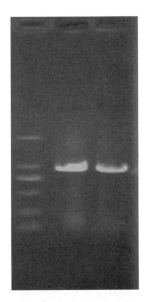

图 3 - 4 PpCBF 农杆菌菌液
PCR 扩增

注：M：DL2 000Marker

**Figure 3 - 4 PCR amplification of**
**Agrobacterium bacterium liquid**
**with PpCBF**

Note：M：DL2 000Marker

杆菌，涂板、摇菌并提取质粒，经测序证实为阳性的质粒命名为 pGM-T：PpCBF；接下来再用 *BglI* 和 *BstEII* 酶双酶切质粒 pGM-T：PpCBF 和 pCAMBIA3301 载体（图 3 - 2），酶切产物经凝胶电泳检测后，分别回收和纯化小片段（插入片段）与大片段（载体部分）；采用连接酶将这一大一小片段连接起来，形成 pCAMBIA3301-PpCBF 表达载体，继续在大肠杆菌中进行抗性筛选和扩繁，经菌液 PCR（图 3 - 4）或质粒双酶切（图 3 - 3）以及测序验证插入正确的为阳性，获得组成型植物表达载体 P3301.PpCBF。

2. UN. PpICE 表达载体的构建

我们以 UN 载体为母核，构建了 UN. PpICE 表达载体，以此进一步研究 PpICE 基因在植物体内的功能。在载体构建时，先用分别含 *KpnI* 和 *SacI* 酶切位点的引物 PpICEf1 和 PpICEr1 扩增含有目的基因的阳性质粒，经 PCR 扩增后，目的片段的 5' 和 3' 端就分别加入 *KpnI* 和 *SacI* 酶切位点（图 3 - 5）；将该扩增产物继续与 T 载体连接，转化大肠杆菌、涂板、摇菌并提取质粒，经测序证实为阳性的质粒命名为 pGM-T：PpICE；接下来再用 *BglI* 和 *BstEII* 酶双酶切质粒 pGM-T：PpICE（图 3 - 6）和 UN 载体，酶切产物经凝胶电泳检测后，分别回收小片段（插入片段）与大片段（载体部分）；采用连接酶将这一大一小片段连接起来，形成 UN. PpICE 表达载体，继续在大肠杆菌中进行抗性筛选和扩繁，经菌液 PCR 或质粒双酶切（图 3 - 7 和图 3 - 8）以及测序验证插入正确的为阳性，获得组成型植物表达载体 UN. PpICE，于是含有桃 ICE 基因的由 35S 启动子驱动的植物转化载体就构建成功了。

## 二、过表达转桃 CBF 基因、ICE 基因烟草的创制

本研究采用目前比较常用的农杆菌介导法将桃的 CBF 和 ICE

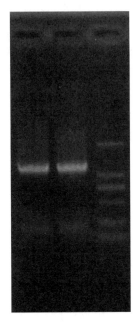

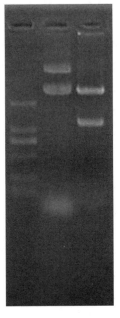

图 3 – 5　PpICE 插入片段的
PCR 扩增

注：M：DL2 000Marker

**Figure 3 – 5　PCR amplification of
PpICE insert fragment**

Note：M：DL2 000Marker

图 3 – 6　PpICE 插入片段的
T 载体双酶切

注：M：DL2 000Marker

**Figure 3 – 6　Restriction endonuc-
lease double digestion of T vector
with PpICE insert fragment**

Note：M：DL2 000Marker

两个基因分别转入烟草。试验所用的农杆菌菌株为 EHA105，转化受体材料为中烟 100。首先将成熟的种子消毒后在诱导培养基上 26℃暗培养 30 ~ 40d；诱导的愈伤在继代培养基上扩大培养 2 ~ 3 次，每次暗培养大约为 2 星期；挑选鲜黄而硬实的愈伤 26℃预培养 3 ~ 5d 后用农杆菌菌液浸泡处理 30min，19℃共培养 2d，无菌水清洗愈伤数遍转至加筛选标记抗生素的筛选培养基

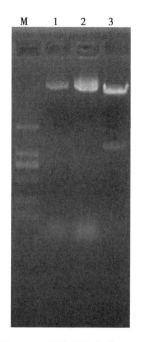

图 3 - 7　植物转化载体 UN.
PpICE 双酶切电泳图

**Figure 3 - 7　Restriction
endonuclease double
digestion of plasmid
UN. PpICE**

注：M：DL2 000Marker；1 和 2 是
空载体，3 是植物转化载体 UN.
PpICE 双酶切

Note：M：DL2 000Marker；1 and 2
are empty vectors，3 is restriction
endonuclease double digestion of
plasmid UN. PpICE

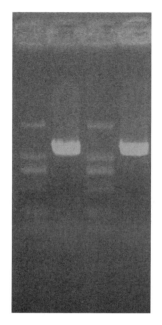

图 3 - 8　PpICE 农杆菌菌液
PCR 扩增

注：M：DL2 000Marker

**Figure 3 - 8　PCR amplification
of PpICE**

Note：M：DL2 000Marker

上获得抗性愈伤，经过 2 ~ 3 轮筛
选，每次 15d 左右；抗性愈伤转
到预分化培养基培养 7d，在光照
条件下分化培养基上分化再生出
植株。整个转基因过程从种子到
转基因苗子需要 4 ~ 5 个月时间。

# 第五节　小结

农杆菌是非单子叶植物的天然宿主，由其介导的外源基因在烟草中的转化体系已经很成熟，转化效率也比较高。在我们的试验中，将 CBF 和 ICE 转入烟草主要遇到了两方面的问题。

## 一、外源基因转入不同物种所需载体不同，不同基因转入同一物种也存在过表达载体的选择问题

在我们的研究中，转 CBF 基因的过表达载体选用的是 pCM-BLA3301，而转 ICE 基因用的是 UN 载体，获得了成功。

## 二、转基因过程中的污染问题

解决根癌农杆菌的污染的关键是要掌握好农杆菌的侵染浓度；同时共培养后要将其残留的抗生素彻底清洗干净，以及注意保持培养环境的无菌是转基因植株获得最后成功的必需要素。

# 第四章

# 转桃CBF基因烟草
# 耐逆性分析

## 第一节 引 言

当前对于植物抗性的研究更多的倾向于应用基因工程技术来直接改良植物的抗性。采用转基因等方式使抗性基因及其蛋白在植株体内过量表达，以提高植物对逆境的抵抗能力，这是目前的主流研究思路和主要研究目标；同时也在为不断补充植物耐逆的机制做系统的不懈的努力。因此，研究抗逆性基因及抗逆性蛋白在转基因植物体内的过量表达对于了解植物如何应对逆境、提高植物生长和增加产量有重要的实践和理论意义[205]。

使特定的抗性蛋白在某些植物中过量表达的技术已经非常成熟，也已经成功地运用于多种植物，尤其是多种模式植物中[206]。目前关于转基因植物提高逆境胁迫能力的研究成果，包括其在形态上和生理上的变化，以及抗逆相关基因的功能等都直接或间接借助于该项技术的应用，因此，在某些植物中过量表达特定的抗性蛋白是一项研究抗逆基因及作用机理的有效而方便的技术。在前面一章我们已经通过农杆菌介导法将桃 CBF 和 ICE 基因导入烟草，这两个基因表达的蛋白在转基因烟草中的功能如何，以及这两个基因究竟有没有抗寒和其他抗逆功能，这是我们本章研究的重点内容。

已有的研究结果显示，植物抗寒基因属于诱导基因，也就是它们只在特定条件（以低温和短日照为主）的诱导下，才会启动表达，最终细胞的抗寒能力才会表现出来。因此，我们想要知道桃 CBF 基因和 ICE 基因的转入是否会增加烟草植株的抗寒或其他抗逆性，首先需要确定烟草植株是否是阳性转基因植株；之后必须对烟草植株进行人为的不同胁迫处理，通过观测转基因植株对不同逆境的响应能力，就可了解两基因的诱导活性及不同逆境下活性差异。

植物抗逆性的形成是由很多的生理生化反应综合作用的结果，其抗寒力形成过程实质可以概括为，从基因启动到蛋白质（酶）的表达，然后生理生化代谢被改变，于是出现了特定的生理功能，具有了抗寒的能力。虽然这一过程很复杂，但其中有一些基因和一些理化指标的变化具有至关重要的作用，可为我们评价植物的抗寒能力提供直接的重要的参考，甚至可以作为抗逆性强弱的依据。如每一种酶都是基因的产物，有些酶在逆境下的表达变化就可以作为衡量抗逆性强弱的指标。

植物在正常的环境条件下生长时，活性氧是其正常的代谢物质，一方面植物体内不断产生活性氧，另一方面植物体内的保护酶和非酶体系也会不断清除过量的活性氧，因此，活性氧的含量始终处于一种动态的不会对植物造成伤害的平衡之中；然而，当植物一旦遭受低温、干旱和高盐等逆境胁迫的时候，这种平衡就会被打破，活性氧的含量往往会大增[207,270]。我们都知道，在长期的进化过程中，为了适应环境的改变，植物体形成了某种逆境适应机制，这种机制是受遗传性制约的。在这个机制里，有研究认为，活性氧代谢占有重要的地位，是植物对逆境胁迫的原初反应[208]，活性氧一旦积累，就会使膜脂中不饱和脂肪酸发生过氧化改变，导致 MDA 的积累，造成膜脂和膜蛋白的损伤[209,210]。因此，MDA 被认为是膜脂过氧化的重要产物之一，可通过测定其在植物体内的含量来判断细胞发生膜脂过氧化作用的强弱[211,212]。与此相对应的，针对逆境下活性氧的积累，植物适应机制的体现就是加强保护防御系统的力度，如 SOD 酶、POD 酶、CAT 酶、PAX 酶等抗氧化酶活性增加以消除活性氧可能带来的氧化损伤[271]，其中 SOD 酶和 POD 酶活性的增加也常用来衡量抗逆能力的大小。

植物细胞在逆境下会失水，当失水达到一定程度时，膜和叶绿体及线粒体结构都会受到破坏，于是在逆境下植物通过在细胞内积聚脯氨酸、甘露醇、肌醇、多胺等渗透调节物质，以此降低细胞水势，增加细胞吸水能力，这是植物对细胞失水做出的有效的应激反应之一。其中，脯氨酸和可溶性糖被认为是植物体内非常重要的渗透调节物质，其含量在逆境下的变化也被作为常用的衡量抗逆性强弱的指标。

多年来，科研工作者通过对不同植物在不同逆境下的生理生化变化的大量研究，确定了一系列可以宏观鉴定植物抗逆性的生理生化指标：除了可溶性糖、游离脯氨酸、丙二醛、SOD 酶、POD 酶外，还包括可溶性蛋白质、不饱和脂肪酸、磷脂和抗坏血酸等；电导率和 pH 值等被作为理化指标的常用代表。在科研中，为了增加植物抗逆性测定的可靠性，常常将多个指标同时测定，以利于全面综合分析，做出相对准确真实的判断。

# 第二节　试验材料和仪器

## 一、试验材料

桃 CBF 基因在中烟 100 无菌苗叶盘中过表达形成的转基因烟草植株和中烟 100 经组织培养形成的非转基因烟草的植株。

## 二、主要化学试剂

dNTP、TaqDNA 聚合酶等分子试剂购自大连宝生物工程有限公司；聚乙烯吡咯烷酮（PVP）、甲硫氨酸（Met）、NBT、ED-TA-Na$_2$、核黄素、葡萄糖、蒽酮、浓硫酸、愈创木酚、过氧化氢、KH$_2$PO$_4$、磺基水杨酸、甲苯、酸性茚三酮和冰乙酸、磷酸等均为国产分析纯级试剂。

### 三、主要仪器设备

试验所需仪器主要有分析天平、烘箱、电导仪、恒温箱、电热恒温水浴锅、微量移液器、高速冷冻离心机、普通台式离心机、PCR 扩增仪、电泳仪、超低温冰箱、凝胶成像系统、精密 pH 值计、紫外可见分光光度计和磁力搅拌机等。

另外，试验所需器皿有 15mm×150mm 试管、荧光灯、黑色硬纸套、秒表、研钵、漏斗、20ml 具塞刻度试管、5～10ml 注射器或滴管、500ml 锥形瓶、250ml 烧杯、温度计和离心管等。

## 第三节　试验方法

### 一、转 CBF 基因烟草的分子鉴定

为了检测桃 CBF 基因是否转入烟草植株，取 CBF 过表达转基因烟草植株下部第一片叶分成两份，分别放入 2ml 离心管中，并按顺序记号编号，直接液氮速冻，同时提 DNA 和 RNA，进行转基因植株阳性检测的分子鉴定。

1. 转 CBF 基因烟草叶片基因组 DNA 的提取

过表达桃 CBF 基因的烟草叶片总 DNA 提取采用的方法是 DNA 小量 CTAB 快速制备法。

a. 取不同编号的装有目的样品的上述 2ml 离心管各一份，加钢珠和液氮速冻，然后于基因研磨机上捣碎。

b. 向 a. 的离心管中加入 700μlDNA 提取缓冲液（100mmol·

L$^{-1}$TrisHCl，pH 值为 8.0；20mmol·L$^{-1}$ EDTA，pH 值为 8.0；1.4mol·L$^{-1}$NaCl，2% CTAB）；于 65℃水浴 30min，其间颠倒混匀 1~2 次；加入 700μl 氯仿：异戊醇（24∶1），颠倒混匀；12 000rpm 离心 10min。

c. 取一新离心管，先加 -20℃预冷的异丙醇 400μl，再慢慢地吸取上清液 400μl 放于该离心管中，混匀，-20℃放 30min。

d. 从 -20℃取离心管，12 000rpm 离心 10min。

e. 弃上清液，用 75% 乙醇 1ml 洗沉淀，10 000rpm 离心 1min。

f. 倒掉乙醇，使沉淀自然干燥。

g. 加入 35μl 的双蒸水溶解，于 -20℃放置。

2. 转 CBF 基因烟草的 PCR 扩增鉴定

以用 CTAB 法提取的转基因烟草叶片的总 DNA 为模板，对转 CBF 基因的植株采用引物 PpCBFf1 和 PpCBFr1 进行 PCR 检测，同时分别用经测序正确的阳性重组质粒 P3301.PpCBF 做阳性对照，用水和未转基因的烟草做阴性对照。在 1.0% 琼脂糖凝胶电泳上检测是否存在目的条带，同时胶回收扩增目的产物、测序，以确定目的基因是否已整合到受体基因组。

## 二、转 CBF 基因烟草苗期抗逆性研究

对转基因烟草检测阳性的植株与非转基因烟草植株分别进行干旱、低温和高盐的胁迫处理。并通过观察比较和生理生化指标的测定比对来判断转基因与非转基因烟草植株的逆境耐受能力的差异。

1. 转 CBF 基因烟草苗期低温实验

将阳性转基因烟草植株与非转基因烟草植株同时置于 4℃低温生长箱进行处理，同时给予 12h/12h 光照与黑暗交替，处理开始分别于 0h、5h、14h 和恢复常温后两天时采集相同部位叶片，留待进行生理生化指标的测定。以同样处理条件下的非转基因烟

草植株为对照。

2. 转 CBF 基因烟草苗期干旱实验

将阳性转基因烟草与非转基因烟草正常生长的植株给予断水处理，在断水 0d、3d、7d 和 9d 时取相同部位叶片，留待进行相关生理生化指标的测定。以同样处理条件下的非转基因烟草植株为对照。

3. 转 CBF 基因烟草苗期盐胁迫实验

将阳性转基因烟草植株与非转基因烟草植株的根部浸泡在 100mmol·L$^{-1}$NaCl 高盐溶液中处理，在处理的第 0h、5h、18h 和 24h 时采取同部位叶片用于相关生理生化指标的试验测定，每处理重复 3 个，以同样处理条件下的非转基因烟草植株为对照。

### 三、转 CBF 基因烟草苗期与抗性相关的生理生化指标的检测

为检测转基因烟草阳性植株对干旱、低温和高盐胁迫的抵抗能力，分析桃 CBF 基因对干旱、低温和高盐胁迫的应答机制，对经上述逆境处理后植株的保护酶系、渗透调节物质和其他与抗寒性相关的重要生理指标进行了测定。以此来衡量转基因植株对不同逆境的反应能力。

1. 逆境下转 CBF 基因烟草保护酶系测定

（1）逆境下转 CBF 基因烟草 SOD 酶活性测定

逆境下转基因和非转基因烟草植株的 SOD 酶活性测定的方法[213]，是根据 SOD 酶能抑制氮蓝四唑（NBT）的光化还原原理，酶活性单位以抑制光化还原 50% NBT 为 1 个活性单位。

①所需试验试剂

50mmol·L$^{-1}$磷酸缓冲液（pH 值为 7.8）。

提取介质：内含 1% 聚乙烯吡咯烷酮的 50mmol·L$^{-1}$磷酸缓冲液（pH 值为 7.8）。

130mmol · L$^{-1}$甲硫氨酸（Mct）溶液，750μmol · L$^{-1}$NBT。
100μmol · L$^{-1}$EDTA-Na$_2$溶液；20μmoL · L$^{-1}$核黄素溶液。

②酶液提取

取转基因烟草叶片，去除大叶脉，称取 0.5g 叶片于预冷的研钵中，加 2ml 预冷的提取介质。冰浴下研成匀浆，冲洗研钵使终体积为 10ml。取 5ml 于 4℃下以 9 000g 离心 15min，上清液即为 SOD 粗提液。

取透明度好、质地相同的 15mm × 150mm 试管 4 支，2 支为测定管、2 支为对照管，按表 4 - 1 加入试剂。

表 4 - 1　显色反应试剂配制表

| 试剂名称 | 用量（ml） | 终浓度（比色时） |
| --- | --- | --- |
| 50mmol · L$^{-1}$磷酸缓冲液 | 1.5 | 5mmol · L$^{-1}$ |
| 130mmol · L$^{-1}$Met 溶液 | 0.3 | 13mmol · L$^{-1}$ |
| 750μmol · L$^{-1}$NBT | 0.3 | 75μmol · L$^{-1}$ |
| 100μmol · L$^{-1}$EDTA-Na$_2$溶液 | 0.3 | 10μmol · L$^{-1}$ |
| 20μmol · L$^{-1}$核黄素溶液 | 0.3 | 2μmol · L$^{-1}$ |
| 酶液 | 0.05 | 对照加缓冲液 |
| 蒸馏水 | 0.25 | |
| 总体积 | 3.0 | |

试剂加完后充分混匀，将 1 支对照管罩上比试管稍长的双层黑色硬纸套遮光，与其他各管同时置于 4 000lx 日光灯下反应 20min 左右。

③比色测定

反应后，以不照光的对照作空白，测定各管在 560nm 波长下的吸光度。并按照下式计算 SOD 活性（SOD 活性以每克鲜样品酶单位表示）：

SOD 活性（U · g$^{-1}$）＝（A$_0$ － As）×Vt/A$_0$× 0.5× m ×Vs

式中：A$_0$——照光对照管的吸光值；

As——样品管的吸光值；

Vt——样液总体积（ml）；

Vs——测定时样品用量（ml）；

m——鲜样品质量（g）。

制备粗酶液时加入 PVP 是为了减少酚类等次生代谢物的干扰；同时测定 SOD 活性时加入的酶量，以能抑制反应的 50% 为佳；测定时还要严格控制光照的强度和时间。这些因素关系到测定结果的稳定性。

（2）逆境下转 CBF 基因烟草 POD 酶活性测定

转基因烟草氧化物酶（POD）活性测定采用萧浪涛和王三根[215]的方法，以每分钟内 $\Delta A470$ 变化 0.01 作为 1 个 POD 酶活单位（U）。

①所需试剂

愈创木酚；30% 过氧化氢；20mmol · $L^{-1}$ $KH_2PO_4$；100mmol · $L^{-1}$ 磷酸缓冲液（pH 值为 6.0）。

反应混合液制备：于 100mmol · $L^{-1}$ 磷酸缓冲液（pH 值为 6.0）50ml 中加入愈创木酚 28μl，加热溶解，待冷却后再加入 30% 过氧化氢 19μl，混合均匀后于冰箱中保存。

②酶液的提取

称取转基因和非转基因烟草待测植株叶片 1g，加 20mmol · $L^{-1}KH_2PO_4$5ml，于研钵中研成浆，4 000r · $min^{-1}$ 离心 15min，上清液先存放在 4℃下，残渣再用 5ml$KH_2PO_4$ 溶液提取 1 次，合并 2 次上清液。

③酶活性的测定

取光径 1cm 比色杯 2 只，于一只中加入反应混合液 3ml，$KH_2PO_4$1ml，作为校零对照；另一只中加入反应混合液 3ml，酶液 1ml。于 470nm 波长下测量 OD 值，每隔 1min 读数一次，共 5 次。以每分钟 OD 变化值表示酶活性大小，即以 $\Delta OD_{470}$ · （min · g）$^{-1}$

鲜重表示。

过氧化物酶活性 $[U \cdot (g.min)^{-1}] = \Delta A_{470} \times Vt \cdot (0.01m \times Vs \times t)^{-1}$

式中：$A_{470}$——反应时间内吸光度的变化；

　　　m——鲜重 g；

　　　t——反应时间；

　　　Vt——提取酶液总体积（ml）；

　　　Vs——测定时取用酶液体积（ml）。

试验中酶液的提取过程要尽量在低温条件下进行；过氧化氢不能直接加入，要在反应开始前加。

2. 逆境下转 CBF 基因烟草渗透调节物质测定

（1）逆境下转 CBF 基因烟草可溶性糖含量测定

转基因和非转基因烟草待测植株叶片的可溶性糖含量的测定参照陈毓荃[216]的蒽酮方法进行。

①所需试剂

标准葡萄糖液（$100\mu g \cdot ml^{-1}$）。

蒽酮试剂：将 1.0g 蒽酮溶于 1 000ml 80% 浓硫酸中，冷却至室温，贮于具塞棕色瓶内在 4℃ 冰箱中保存，可使用 2～3 周。

②可溶性糖的提取

取待测新鲜叶片，流水冲洗掉表面污物，蒸馏水冲洗 3 次，滤纸吸干，去除大叶脉，剪碎混匀，称 0.30g，共 3 份。分别放入 3 支试管中，加入 10ml 蒸馏水后封口，沸水中浸提 30min，冷却后过滤，于 25ml 容量瓶中定容，此为提取液。

吸取提取液 0.5ml 放于 20ml 试管中，加蒸馏水 1.5ml，蒽酮乙酸乙酯 0.5ml 和浓 $H_2SO_4$（比重为 1.84）5ml，以空白为对照，各管充分振荡摇匀，立即将试管放入沸水中，逐管均准确保温 10min，取出后自然冷却至室温，以空白对照为参比调零，在 630nm 波长下测定光吸收值，重复 3 次。

按下式计算可溶性糖含量：

$$可溶性糖含（mg \cdot g^{-1}）= \left(\frac{C \times \dfrac{V}{a} \times n}{W \times 10^3}\right)$$

式中：C——标准方程求得糖量（μg）；

　　　a——吸取样品液体积（ml）；

　　　V——提取液量（ml）；

　　　n——稀释倍数；

　　　W——组织重量（g）。

（2）逆境下转 CBF 基因烟草游离脯氨酸含量测定

转基因和非转基因烟草待测植株叶片游离脯氨酸含量采用萧浪涛和王三根方法进行测定[215]，如表 4 – 2 所示。

①所需试剂

3% 磺基水杨酸溶液、甲苯、2.5% 酸性茚三酮显色液（配制好后 24h 内稳定，需现配现用）；冰乙酸。

②标准曲线制作

脯氨酸标准溶液配制：将 25mg 脯氨酸用蒸馏水溶解后定容至 250ml，即为 $100\mu g \cdot ml^{-1}$。从中吸取 10ml，用蒸馏水稀释至 100ml，即成 $10\mu g \cdot ml^{-1}$ 的脯氨酸标准液。

取 7 支试管按下表加入试剂。摇匀加球塞，放入沸水中 40min。冷却后向各管加入 5ml 甲苯，充分振荡以萃取红色物质。静置，待分层后吸取甲苯层，以 0 号管为对照，在 520nm 波长下比色。

③样品测定

取待测叶片 0.5g，剪碎置于研钵中，加 2ml 3% 磺基水杨酸溶液研磨，用 3ml 磺基水杨酸溶液冲洗研钵。转入加盖的离心管中，沸水中浸提 10min。冷却后于 3 000rpm 离心 10min，取上清液待测。

表4－2 各试管中试剂加入量

| 管号 | 0 | 1 | 2 | 3 | 4 | 5 | 6 |
|---|---|---|---|---|---|---|---|
| 标准脯氨酸量（ml） | 0 | 0.2 | 0.4 | 0.8 | 1.2 | 1.6 | 2.0 |
| $H_2O$（ml） | 2 | 1.8 | 1.6 | 1.2 | 0.8 | 0.4 | 0 |
| 冰乙酸（ml） | 2 | 2 | 2 | 2 | 2 | 2 | 2 |
| 显色液（ml） | 3 | 3 | 3 | 3 | 3 | 3 | 3 |
| 脯氨酸含量（μg） | 0 | 2 | 4 | 8 | 12 | 16 | 20 |

取一具塞试管，加入上清液、冰乙酸和茚三酮各2ml，混匀后沸水显色60min；冷却后用4ml甲苯萃取，稍静置后取甲苯相，3 000rpm离心5min，520nm波长下测OD值。

结果计算：从标准曲线中查出测定液中脯氨酸含量，按下式计算样品中脯氨酸含量：

$$脯氨酸含量（μg \cdot g^{-1}） = cV/Am$$

式中：c——据标准曲线求得提取液中脯氨酸含量（μg）；

V——提取液总体积（ml）；

A——测定时所吸取的体积（ml）；

m——样品质量（m）。

3. 失水速率测定

将转基因和非转基因烟草待测植株地上部分的叶片剪下，置于室温，分别在0h、0.5h、2h、4h、6h、8h、12h、24h、36h、48h和96h时称量叶片的重量，统计失水速率的快慢。

失水率按如下计算公式：

$$失水率 y（\%） = （X_0 - X_n）/X_0 × 100$$

式中：$X_0$——最初的叶片重量；

$X_n$——第 n 次称量的叶片重量。

4. 丙二醛（MDA）含量的测定

转基因和非转基因烟草待测植株丙二醛（MDA）含量参照蒋明义等[213]方法进行测定。

①所需试剂

5% 三氯醋酸、0.5% 硫代巴比妥酸（用 5% 三氯醋酸溶解定容）和 0.05mol·L$^{-1}$磷酸缓冲液（pH 值为 7.8）。

②丙二醛的提取

取待测植株上不同部位的叶片 3 片，洗净擦干，剪成 0.5cm 长的小段，混匀。称取叶片 0.5g，放入冰浴的研钵中，加少许石英砂和 2ml 磷酸缓冲液，研成匀浆后转入试管中，再用 3ml 磷酸缓冲液冲洗研钵，合并提取液。研磨后所得匀浆在 10 000r·min$^{-1}$下离心 10min，上清液即为样品提取液。

③丙二醛含量的测定

取上清液（对照加蒸馏水）和硫代巴比酸（TBA）溶液各 2ml，混合后用沸水煮 30min；然后，立即将试管放入冷水中，迅速冷却后再离心一次（3 000rpm 离心 15min）。取上清液并量其体积。以 TBA 溶液为空白，分别测定 450nm、532nm 和 600nm 处的吸光值。按公式计算：

MDA 含量 $[\mu mol·(gFW)^{-1}] = [452(D_{532} - D_{600}) - 0.559D_{450}] \times V_t/V_s \times W$

式中：$V_t$——提取液总体积（ml）；

$V_s$——测定用提取液体积（ml）；

FW——样品鲜重（g）。

5. 相对电导度的测定

转基因和非转基因烟草待测植株叶片的相对电导率的测定参照陈建勋[216~218]等方法进行。

选取烟草待测植株相同叶位的叶片，迅速用蒸馏水和去离子水各冲洗 2 次，用滤纸吸干；去除大叶脉，用直径为 10mm 的打孔器打成叶圆盘，每组打取 60 片，随机分装在 3 个洁净的大试管中；加入 10ml 的去离子，盖上滤纸，抽真空 20min，直至叶片完全沉入水底（共抽 2 次，期间放气 1 次）；室温放置 1h，期间要多次摇动试管，然后电导仪测定电导度 $S_1$。

测定后，盖好试管盖子，在电炉上煮沸 15min，以便将组织全部杀死，使其生物膜变成全透性。待溶液冷却后第二次测定各管溶液的总（终）电导度 $S_2$。按下式计算：

$$相对电导度（L）=（S_1-空白电导）/（S_2-空白电导）\times 100\%$$

式中：$S_1$——初电导值；

$S_2$——终电导值。

## 第四节  结果与分析

### 一、过表达 CBF 转基因烟草的分子鉴定结果

将带有桃 CBF 基因的重组质粒 P3301. PpCBF 通过农杆菌介导法，经对烟草无菌叶盘浸染，再经进一步芽诱导抗性筛选后，进行生根培养和练苗移栽，获得转基因植株 11 株，对这些植株分别进行基因组 DNA 提取，并以此为模板，采用引物 PpCBFf1 和 PpCBFr1 进行 PCR 检测，并用经测序正确的阳性重组质粒 P3301. PpCBF 作阳性对照，用水和未转基因的烟草作阴性对照，同时进行 PCR 扩增。反应体系和扩增程序同前。扩增产物于 1.0% 琼脂糖凝胶上检测，扩增结果如图 4-1 所示。扩增产物经测序证实、统计表明，在 11 株转基因烟草中，有 9 株为阳性植株，阳性转化率为 81.8%。

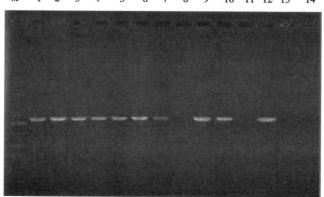

**图 4 – 1　转 CBF 基因烟草的 PCR 检测**

**Figure 4 – 1　PCR analysis of transgenic tobacco**

注：M：DL2 000 Marker；1 – 11 转基因株系 12：阳性对照（质粒）13：CK（非转基因对照）14：空白对照（水）1 – 11 transgenic line；12 Positive control（plasmid）；13（Non – transgenic control）；14 Blank control（water）

## 二、转 CBF 基因烟草阳性植株的逆境胁迫结果

随机选取阳性的转基因和非转基因烟草植株，分别进行低温、高盐和干旱处理，并对处理前后的相关理化指标进行测定，以此来分析判断桃 CBF 基因在烟草植株体内的表达和作用。

1. 低温胁迫下转 CBF 基因烟草阳性植株的形态和生理生化指标分析

将阳性转基因烟草植株与非转基因烟草植株同时置于 4℃ 低温生长箱后，分别进行跟踪观察表型变化并拍照。观察发现非转基因植株在低温处理后 2h 的时候，其上部叶片就开始部分失水，在低温处理后 6h，叶缘出现卷曲；在低温处理 14h 的时候，非转基因植株的上部叶片完全内卷，萎蔫明显，嫩茎等上部组织柔软，也失去了膨压，不再是原有的挺拔姿态，表现了明显的受冷害现象。而转 CBF 基因的烟草植株在低温处理后 2h 没有观察到明显的变化，在低温处理后 6h 叶片才开始部分失水，在低温处理 14h 的时候，上部叶片的叶缘出现轻微卷曲或失去膨压而向下耷拉着。冷处理 14h 后恢复正常温度的第 2d 非转基因植株的萎蔫状况有所缓解，直至恢复正常温度的第 5d 才完全恢复挺拔的姿态；而转 CBF 基因的烟草植株在恢复正常温度的第 2d 就基本恢复正常的姿态。

我们都知道，在这些肉眼可见的"症状"出现以前，植物体内早已经发生了物质和能量的变化，已有的研究都发现，低温胁迫可引起植物体内的多种成分物质的活性或含量发生变化。那么，转桃 CBF 基因的烟草植株在低温胁迫下的生理生化变化如何呢？我们对处理后的植株于 0h、处理后 5h 和 14h 以及恢复常温后两天时采集相同部位叶片，对其可溶性糖等与低温胁迫紧密相关的一些生理生化指标进行了测定，以同样处理条件下的非转基因烟草植株为对照。

（1）低温诱导下转基因烟草与非转基因植株的丙二醛（MDA）含量的变化

低温胁迫下植物细胞正常的代谢被破坏，其体内生理功能也相应发生着变化，MDA 是膜脂过氧化的产物，逆境下 MDA 的积累被证明是由体内自由基增加引发的[60,5]，自由基攻击了膜脂的不饱和脂肪酸，使其降解，引发了膜脂过氧化作用，而膜脂过氧化作用的最终产物就是 MDA，MDA 可以在植物体内扩散，破坏其他部位正常代谢的进行[219]。因此，MDA 积累被认为是活性氧毒害作用的表现，其含量常被作为判断膜脂过氧化作用的一种主要标志[211,212]。

本试验中，低温处理前后以及回暖过程中转 CBF 基因的烟草植株与野生型烟草的 MDA 含量变化如图 4-2 所示：低温处

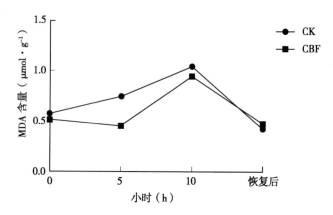

**图 4 - 2　低温胁迫下转 CBF 烟草与野生型烟草 MDA 含量的变化**
**Figure 4 - 2　The changes of MDA content under low temperature**
**stress between CBF - transgenic tobacco and wild - type tobacco**

理前转 CBF 基因的烟草植株的 MDA 含量比野生型烟草略低；随低温胁迫时间的延长，两者的 MDA 含量都呈现明显上升的趋势，但转 CBF 基因的烟草植株的 MDA 含量明显低于野生型烟草的，尤其在低温胁迫前期转 CBF 基因的烟草植株的 MDA 含量变化并不大，而野生型烟草的 MDA 含量已经迅速增加。由此可见，转 CBF 基因的烟草植株在胁迫前期膜受损度很轻，即使在胁迫后期其膜质受损度也比对照的轻。

　　（2）低温诱导下转基因烟草与非转基因植株的相对电导度的变化

　　低温胁迫下转 CBF 基因的烟草植株与野生型烟草植株的相对电导度变化如图 4 - 3 所示：未处理前转 CBF 基因的烟草植株的相对电导度明显比野生型烟草植株低；随低温处理时间的延长，两者的相对电导度都在增加，但野生型烟草的相对电导度增加明显比转基因烟草植株的迅速，且相对电导度明显高于转基因植株；低温处理恢复后，即回暖后 2d 测定表明，两者的相对电导度都在下降。

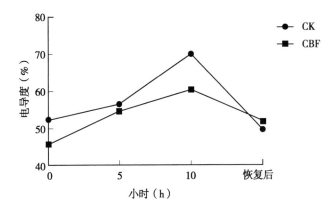

图 4 – 3 低温胁迫下转 CBF 烟草与野生型烟草相对电导度的变化

Figure 4 – 3 The changes of relative conductivity between CBF-transgenic tobacco and wild – type tobacco under low temperature stress

细胞膜在正常条件下对物质吸收具有选择透性，而当受到逆境胁迫时膜遭到破坏，透性就会增大，细胞内的电介质就会外渗，植物细胞浸提液的电导率增大。膜透性增大的程度与逆境胁迫和植物耐逆性的强度有关。因此，质膜透性的测定常作为植物抗性研究的一个指标。本试验中，电导度随低温胁迫时间的延长而增加，反映了质膜透性在增大、质膜受伤害的程度在增强；但转基因植株的电导度明显低于非转基因植株，说明转基因植株对低温胁迫的抵抗能力强于非转基因植株。

（3）低温诱导下转基因烟草与非转基因植株的可溶性糖含量的变化

可溶性糖作为植物体内的渗透性保护物质，具有提高细胞水势、增加细胞持水和降低胞质冰点的作用。因此，低温胁迫下可溶性糖含量的变化及变化幅度往往关系着植物耐寒性能的多寡。低温诱导下转 CBF 基因烟草与非转基因植株的可溶性糖含量的变化如图 4-4 所示。

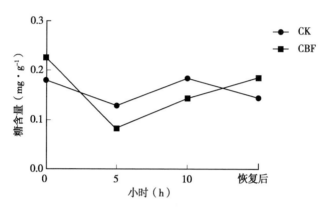

图 4-4　低温胁迫下转 CBF 烟草与野生型烟草可溶性糖含量的变化
Figure 4-4　The changes of soluble sugar content between
CBF-transgenic tobacco and wild-type tobacco under low
temperature stress

由图 4-4 结果显示，转 CBF 基因的烟草植株未处理前其可溶性糖含量高于野生型烟草，低温处理 5h 时，两者的可溶性糖含量都明显下降，但转 CBF 基因植株的下降幅度比野生型的大；低温处理 14h 时，两者的可溶性糖含量都升高，野生型烟草的可溶性糖含量高于转 CBF 基因烟草的；低温处理恢复后 2d 测定表明，转 CBF 基因植株的可溶性糖含量还在升高，但低于处理前，野生型烟草的可溶性糖含量已经回落；总体上，胁迫后的可溶性含量都没有超过胁迫前的含量。

可溶性糖是很久以来一直被大家公认的抗寒保护物质之一，有的研究也证实可溶性糖含量与多种植物的抗寒性呈正相关的关系[220]。王淑杰等[222] 在对葡萄抗寒性研究时就认为，可溶性糖含量高的品种抗寒性就强，糖含量与抗寒性呈正相关。结合本试验中转 CBF 基因烟草与野生型烟草在低温胁迫下的表型以及正常生长条件下转 CBF 基因烟草植株的可溶性糖含量高于野生型烟草的事实，也可以认为转 CBF 基因烟草植株的抗寒性强的原因可能是由于其含有较高的可溶性糖。而处理 5h 时，两者的含量降低，可能是由于在零上低温下，呼吸速率加快，可溶性糖作为呼吸底物被消耗，而此时转基因植株的可溶性糖含量比野生型的低，说明其呼吸速率增加较多，可能这种反应有利于维持低温下植物自身的一个较高的温度，有利于某些酶的活性。但胁迫后的可溶性糖含量却一直没有比胁迫前高，这与刘荣梅等[223]研究结果相反。近年来，有研究表示：虽然已经证实糖是许多基因表达的重要调节因子，它参与了细胞内信号传导过程，调节了植物生长、发育和抗性形成等多个生理过程[223]。但同时也有相反的研究结果，认为可溶性糖可能不是植物抗寒性提高的主要原因[35,224]，因此，可溶性糖含量与抗寒性的关系及其在 CBF 介导的低温响应信号传导中的作用机制还需要继续深入研究。

（4）低温诱导下转基因烟草与非转基因植株的脯氨酸含量的变化

低温胁迫下转 CBF 基因的烟草植株与野生型烟草植株的游离脯氨酸的变化如图 4-5 所示，未处理前转 CBF 基因的烟草植株的游离脯氨酸含量高于野生型烟草，低温处理 5h 时，两者的游离脯氨酸含量都明显上升；低温处理 14h 时，两者的游离脯氨酸含量都较 5h 时有所下降，但仍明显高于胁迫前；回暖恢复后 2d 测定表明，转 CBF 基因植株的游离脯氨酸含量维持在相对稳定的水平，而野生型烟草的游离脯氨酸含量再次升高到整个测定期的最高点。

游离脯氨酸被认为是植物抗冻力形成的重要物质基础之一，具有稳定细胞内的水分、防止细胞过度脱水、降低细胞冰点、防

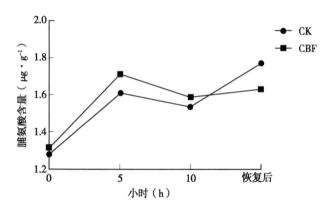

**图 4－5　低温胁迫下转 CBF 烟草与野生型烟草游离脯氨酸含量的变化**

**Figure 4－5　The changes of free proline content between CBF-transgenic tobacco and wild-type tobacco under low temperature stress**

止膜脂过氧化、稳定蛋白质结构和维持细胞膜结构，进而减少低温对细胞伤害的生理作用[220]。很多证据也表明，在低温等逆境胁迫条件下，植株体内脯氨酸浓度会迅速增加，植株的抗逆性也增强[224]。本研究也证明了这一点：即低温胁迫下，转 CBF 基因的烟草植株与野生型烟草植株的游离脯氨酸的含量总体趋势都比胁迫前明显增加，而且，转基因植株的含量一直高于野生型植株，说明高的脯氨酸含量对抵抗低温起到很大作用。至于恢复后野生型烟草的脯氨酸含量还在升高，可能是过度失水后的代偿性增长。

（5）低温诱导下转基因烟草与非转基因植株的 SOD 活性的变化

SOD 可以消除超氧化物阴离子自由基 $O_2^-$ 的歧化作用，形成分子氧和过氧化氢，而过氧化氢可以被 CAT 分解。在正常条件下，细胞内自由基的产生和清除处于动态平衡状态，自由基水平很低，不会对细胞造成伤害。但是，当植物处于逆境下，这个平衡被打破，自由基积累过多，就会伤害细胞，而 SOD 酶就成了消除过多自由基的第一道保护酶系统的屏障，可避免或减轻过多自由基对细胞的伤害。在本试验中，转 CBF 基因的烟草植株与野生型烟草植株的 SOD 酶活性在低温胁迫下的变化如图 4－6 所示：胁迫处理前转 CBF 基因的烟草植株比野生型烟草植株的 SOD 酶活性略高；随胁迫处理时间的延长，两者的 SOD 酶活性都在迅速增加，但转 CBF 基因的烟草植株的 SOD 酶活性明显高于野生型烟草，说明转 CBF 基因的烟草植株清除自由基的能力强于野生型烟草植株，在逆境下受自由基侵害程度轻。

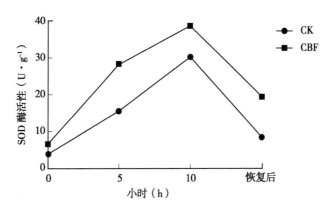

图 4－6  低温胁迫下转 CBF 烟草与野生型烟草 SOD 酶活性的变化

**Figure 4－6  The changes of SOD activity under low temperature stress between CBF－transgenic tobacco and wild－type tobacco**

（6）低温诱导下转基因烟草与非转基因植株的 POD 活性的变化

POD 能与脱氢抗坏血酸还原酶和谷胱甘肽还原酶等共同作用，通过 Halliwell-Asada 途径，把过氧化氢分解成水，因此，POD 与 CAT、SOD 等一起解除了 $O_2^-$ 对机体的伤害作用，组成了生物体内的防御体系，统称为保护酶系统。因此，对逆境下POD 含量的变化进行检测，在一定程度上也会反映植株在逆境下受自由基伤害的程度。

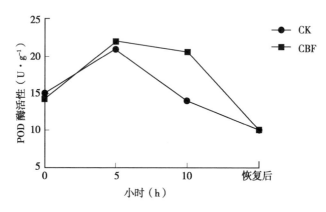

图 4 - 7　低温胁迫下转 CBF 烟草与野生型烟草 POD 酶活性的变化
Figure 4 - 7　The changes of POD activity under low temperature stress between CBF - transgenic tobacco and wild - type tobacco

对低温胁迫下的转 CBF 基因的烟草植株与野生型烟草植株的 POD 酶活性的测定结果如图 4 - 7 所示：胁迫处理前转 CBF基因的烟草植株与野生型烟草植株的 POD 酶活性相差不多；在低温胁迫处理 5h 的时候，两者的 POD 酶活性都明显增加，但在低温胁迫处理 10h 的时候，野生型烟草植株的 POD 酶活性却大幅度下降，而转 CBF 基因的烟草植株的 POD 酶活性虽然较前有所下降，但仍维持在较高水平；可能野生型烟草植株低温胁迫处理 10h 的时候表现出的明显受害现象就与其 POD 酶活性的大幅度下降有关，虽然此时非转基因烟草的 SOD 酶活性仍然在上升，但 POD 酶无法清除过氧化氢的积累，致使植株受伤。

2. 干旱胁迫下转 CBF 基因烟草阳性植株的形态和生理生化指标分析

将阳性转 CBF 基因烟草与非转基因烟草正常生长的植株同时进行干旱胁迫处理，即给予断水处理，观察表型变化并拍照。通过观察发现，非转基因植株在断水后第 4d 开始出现明显的萎蔫现象，萎蔫先从下部叶片开始，逐渐向上扩展，在断水的第 7d，下部叶片基本都变得柔软，向下皱褶耷拉着，只留下上部的两三片叶还能舒展开，而到断水的第 8d，上部叶片也完全失去膨压，耷拉下来；而转 CBF 基因烟草植株到断水处理的第 8d 也只是最低叶位的叶片略显失水，伸展角度略向下。转 CBF 基因烟草植株的耐旱性从表型上已经明显可见。

同样的，这些非转基因烟草植株在断水后出现的肉眼可见的"症状"以前，植物体的内在更早的发生了某些生理生化的变化。为了了解转 CBF 基因烟草与非转基因烟草植株在干旱胁迫下的内在变化规律和差异，我们在断水 0d、3d、7d、9d 分别取转 CBF 基因烟草与非转基因烟草植株相同部位的叶片，对某些相关的重要生理生化指标进行了测定。以同样处理条件下的非转基因烟草植株为对照。

（1）干旱诱导下转 CBF 基因烟草与非转基因植株的 MDA 含量的变化

转 CBF 基因烟草与非转基因植株干旱胁迫下的 MDA 含量变化如图 4 – 8 所示：断水处理前转 CBF 基因的烟草植株的 MDA 含量比野生型烟草低；随干旱胁迫时间的延长，两者的 MDA 含量都呈现上升的趋势，但转 CBF 基因的烟草植株的 MDA 含量明显低于野生型烟草的，尤其在断水处理的第 9d 转 CBF 基因的烟草植株的 MDA 含量显著低于非转基因植株的，而野生型烟草的 MDA 含量增加幅度很大。由此可见转 CBF 基因的烟草植株在断水处理前期膜受害度不大，即使在胁迫后期其膜质受损度也比对照株轻得多。

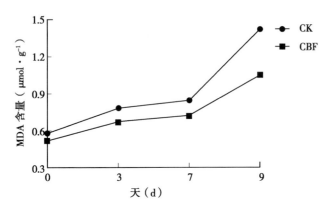

**图 4 - 8　干旱胁迫下转 CBF 烟草与野生型烟草 MDA 含量的变化**
**Figure 4 - 8　The changes of MDA content under drought**
**stress between CBF-transgenic tobacco and wild-type tobacco**

（2）干旱诱导下转基因烟草与非转基因植株的电导度的变化

干旱胁迫下转 CBF 基因的烟草植株与非转基因烟草植株的电导度的变化如图 4 - 9 所示：未处理前转 CBF 基因的烟草植株的电导度明显低于非转基因烟草；随断水处理时间的延长，两者的电导度都在增加，但野生型烟草的电导度增加明显比转基因烟草植株的迅速，且电导度明显高于转基因植株，尤其随胁迫时间的延长，这种差异更加明显，结合两者的表型变化也印证了这一结果，即野生型烟草的旱害症状很严重，而转 CBF 基因的烟草植株抗旱性增强非常明显。

（3）干旱诱导下转基因烟草与非转基因植株的可溶性糖含量的变化

由图 4 - 10 结果显示，转 CBF 基因的烟草植株干旱胁迫前其可溶性糖含量高于野生型烟草；在干旱胁迫的 7d 内，两者的

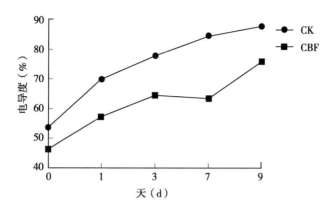

**图 4 – 9 干旱胁迫下转 CBF 烟草与非转基因烟草相对电导度的变化**

**Figure 4 – 9 The changes of relative conductivity between CBF-transgenic tobacco and non – transgenic tobacco under drought stress**

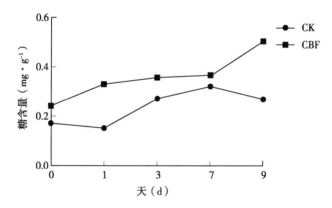

**图 4 – 10 干旱胁迫下转 CBF 烟草与野生型烟草可溶性糖含量的变化**

**Figure 4 – 10 The changes of soluble sugar content Under drought stress between CBF – transgenic tobacco and wild – type tobacco**

可溶性糖含量都呈上升趋势，但非转基因植株的可溶性糖含量一直都没有转 CBF 基因植株的可溶性糖含量高，尤其在胁迫处理的第 9d 转 CBF 基因植株的可溶性糖含量还在增加，而非转基因烟草的可溶性糖含量却开始下降。综合表型和可溶性糖作用认为，一直保持较高水平的可溶性糖含量可以使转 CBF 基因的烟草植株保持较多的含水量，有利于抵御干旱的威胁。

（4）干旱诱导下转基因烟草与非转基因植株的脯氨酸含量的变化

干旱胁迫下转 CBF 基因的烟草植株与野生型烟草植株的游离脯氨酸的变化如图 4－11 所示：在干旱胁迫处理的前 7d，转 CBF 基因的烟草植株与野生型烟草植株的的游离脯氨酸含量都有所增加，但并不显著；在断水处理的第 9d，两者的游离脯氨酸含量都在迅速增加；整个胁迫处理中，转 CBF 基因植株的游离脯氨酸含量始终比对照的游离脯氨酸含量高。转 CBF 基因植株含有较高的游离脯氨酸，可使其在增加蛋白质水合作用、提高

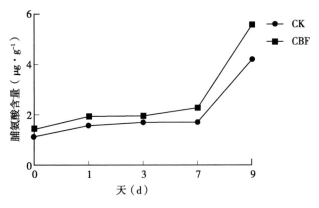

图 4－11　干旱胁迫下转 CBF 烟草与野生型烟草游离脯氨酸含量的变化

Figure 4－11　The changes of free proline content under drought stress between CBF－transgenic tobacco and wild－type tobacco

原生质的渗透压、防止水分散失和细胞内各种酶蛋白在渗透胁迫下脱水、维持细胞膜和蛋白质正常功能和活性方面要优于对照植株，使其抗旱性明显增强。

（5）干旱诱导下转基因烟草与非转基因烟草植株的 SOD 活性的变化

干旱胁迫下转 CBF 基因的烟草植株与野生型烟草植株的 SOD 酶活性的变化如图 4-12 所示：干旱胁迫处理开始至胁迫的前 7d，随胁迫处理时间的延长，两者的 SOD 酶活性都在增加，至第 7d 两者的 SOD 酶活性迅速增加并达最高值，其间转 CBF 基因烟草植株的 SOD 酶活性始终高于野生型烟草；在断水的第 9d，两者的 SOD 酶活性都明显下降，但转 CBF 基因烟草植株的 SOD 酶活性仍然维持在较高的水平上。由此可见，转 CBF 基因的烟草植株清除自由基的能力强于野生型烟草植株，这种差异随胁迫时间的延长体现得更加明显。

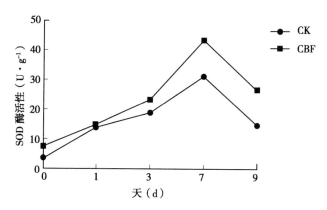

图 4-12 干旱胁迫下转 CBF 烟草与野生型烟草 SOD 酶活性的变化
Figure 4-12 The changes of SOD activity between CBF-transgenic tobacco and the wild-type tobacco under drought stress

(6) 干旱诱导下转基因烟草与非转基因植株的 POD 活性的变化

对干旱胁迫下的转 CBF 基因的烟草植株与野生型烟草植株的 POD 酶活性的测定结果如图 4-13 所示：从干旱胁迫处理开始至胁迫的前 7d，随干旱胁迫的进行，转 CBF 基因的烟草植株与野生型烟草植株的 POD 酶活性都呈现迅速增加的趋势；在断水的第 9d，非转基因烟草植株的 POD 酶活性明显下降，而转 CBF 基因的烟草植株的 POD 酶活性仍然继续增加。由此可见，转 CBF 基因的烟草植株凭借高活性的 SOD 和 POD 酶活性，清除体内自由基的能力强于野生型烟草植株，这种差异随胁迫时间的延长体现得更加突出。

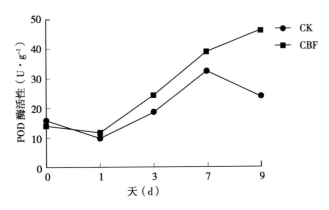

**图 4-13　干旱胁迫下转 CBF 烟草与野生型烟草 POD 酶活性的变化**
**Figure 4-13　The changes of POD activity under drought stress**
**between CBF-transgenic tobacco and wild-type tobacco**

(7) CBF 基因烟草阳性植株与和非转基因烟草的失水速率的测定

图 4-14 显示的是转 CBF 基因和非转基因烟草植株离体叶片于室温下的失水速率结果，从中不难看出在 0~48h 间转 CBF

基因烟草植株的失水速率明显比非转基因植株的低。离体叶片的失水速率可以反映植物叶片表皮对水分传导力的大小，也可以反映植物叶片的保水能力。失水速率慢的植物种类或品种由于散失的水分少，保水能力强，植株的抗旱能力自然就强[225,226]。在小麦抗旱性鉴定中就把其离体叶片在 6～48h 内的失水速率作为可靠的常用的鉴定指标之一，即失水速率低的品种抗旱性较强[227,228]。本试验的这一结果也表明，转 CBF 的烟草植株抗旱性比对照植株增强。

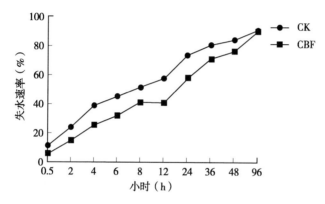

图 4 – 14　转 CBF 烟草与野生型烟草失水速率的变化

**Figure 4 – 14　The changes of filtration rate between
CBF-transgenic tobacco and wild – type tobacco**

3. 高盐胁迫下转 CBF 基因烟草阳性植株的生理生化指标分析

为了研究转 CBF 基因的烟草对盐胁迫的反应，我们用 100mmol·L$^{-1}$NaCl 的盐溶液浸泡阳性转基因烟草植株与非转基因烟草植株的根部，并观察其表型变化。但是，在处理的 24h 内两者在表型上没有明显的受害表现。为了进一步探究两者内部的生理生化反应差异，我们在盐溶液处理的第 0h、5h、18h、

24h 时分别采取同部位叶片进行相关生理生化指标的试验测定，每处理重复 3 个。以同样处理条件下的非转基因烟草植株为对照。

（1）高盐诱导下转基因烟草与非转基因植株的 MDA 含量的变化

随着生物膜理论及其研究技术的不断发展，有关逆境与植物细胞膜脂过氧化的相关性备受重视[229]。很多研究结果显示，原初胁迫和次级胁迫反应的主要部位就在膜系统，其中盐胁迫在许多方面影响了膜，如膜质的成分和膜的超微结构、离子的选择性、有机与无机物质的运输和膜的分泌功能等[230]。在本研究中，转 CBF 基因烟草与非转基因烟草在盐胁迫下的 MDA 含量如图 4 - 15 所示：随着盐胁迫时间的延长，两者的 MDA 含量都在增加，说明盐胁迫对两者的膜系统带来了一定的影响，由于转 CBF 基因的烟草的 MDA 含量明显低于非转基因烟草的，这说明，在同样胁迫条件下，转 CBF 基因的烟草膜所受影响小，抵

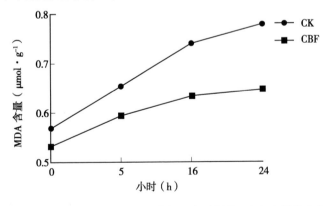

图 4 - 15　盐胁迫下转 CBF 烟草与野生型烟草 MDA 含量的变化

**Figure 4 - 15　The changes of MDA Content between CBF-transgenic tobacco and wild-type tobacco under salt stress**

抗盐胁迫能力强。

（2）高盐诱导下转基因烟草与非转基因植株的电导度的变化

转 CBF 基因烟草与非转基因烟草植株在盐胁迫下的相对电导度变化如图 4 – 16 所示：两者的相对电导度随盐胁迫时间的延长而增加，但对照株的相对电导度比转 CBF 基因烟草的要高。因此，虽然盐胁迫对两者的膜透性带来了一定的影响，但转 CBF 基因的烟草所受影响低于非转基因烟草的。对甘薯苗期叶片研究发现，正常培养条件下其叶片细胞质膜透性很小；而处于 NaCl 胁迫时质膜透性就会增加，并且 NaCl 胁迫浓度越高质膜透性增加越多[231]。本研究中也发现，盐胁迫下膜透性会增加，而且随着盐胁迫时间的延长，膜透性增加就越大。

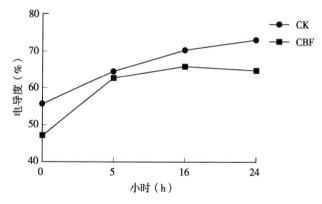

图 4 – 16　盐胁迫下转 CBF 烟草与野生型烟草相对电导度的变化

Figure 4 – 16　The changes of relative conductivity between CBF-transgenic tobacco and wild – type tobacco under salt stress

（3）高盐诱导下转基因烟草与非转基因植株的可溶性糖含量的变化

转 CBF 基因烟草与非转基因烟草植株在盐胁迫下的可溶性

糖含量变化如图 4 – 17 所示：随着盐胁迫时间的延长，两者的可溶性糖含量都呈明显增加的趋势，其中，转 CBF 基因烟草的可溶性糖在前期明显高于非转基因植株的；但在胁迫 24h 时，前者的可溶性糖含量低于后者。总体上看，盐胁迫下两者迅速增加的可溶性糖会避免盐胁迫造成的失水过多，有利于抵抗逆境伤害。

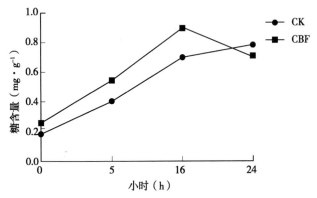

**图 4 – 17　盐胁迫下转 CBF 烟草与野生型烟草可溶性糖含量的变化**

**Figure 4 – 17　The content changes of soluble sugar in CBF-transgenic tobacco and wild – type tobacco under salt stress**

（4）高盐诱导下转基因烟草与非转基因植株的脯氨酸含量的变化

如图 4 – 18 所示：转 CBF 基因烟草与非转基因烟草植株的脯氨酸含量随着盐胁迫时间的延长都在增加，胁迫前期转 CBF 基因烟草比非转基因烟草植株的脯氨酸含量增加明显；在胁迫后期，两者相差不明显。

（5）高盐诱导下转基因烟草与非转基因植株的 SOD 活性的变化

如图 4 – 19 所示：转 CBF 基因烟草与非转基因烟草植株的 SOD 酶活性随着盐胁迫时间的延长呈现先升后降的变化，除胁

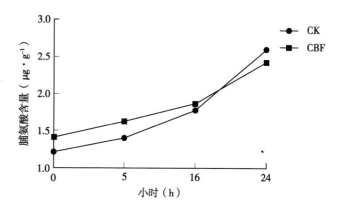

图 4－18　盐胁迫下转 CBF 烟草与野生型烟草游离脯氨酸含量的变化

Figure 4－18　The changes of free proline content between
CBF-transgenic tobacco and wild－type tobacco under salt stress

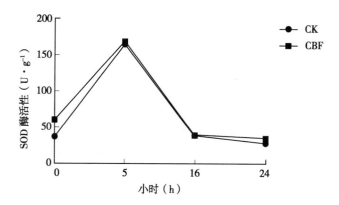

图 4－19　盐胁迫下转 CBF 烟草与野生型烟草 SOD 酶活性的变化

Figure 4－19　The changes of SOD－activity between
CBF-transgenic tobacco and wild－type tobacco under salt stress

迫前期转 CBF 基因烟草比非转基因烟草植株的 SOD 酶活性高外，
两者在相同条件盐胁迫下 SOD 酶活性没有明显差异。

（6）高盐诱导下转基因烟草与非转基因植株的 POD 活性的变化

如图 4 - 20 所示：转 CBF 基因烟草与非转基因烟草植株的 POD 酶活性在盐胁迫下的变化明显不同于 SOD 酶活性，两者均随胁迫时间的延长呈现了明显的上升趋势；而且在相同盐胁迫下转 CBF 基因烟草一直比非转基因烟草植株的 POD 酶活性领先；后期两者 POD 酶活性的升高可能刚好弥补了此时 SOD 酶活性低的劣势，可能在胁迫前期主要是 SOD 酶活性清除自由基，而后期由 POD 酶活性发挥主要作用。

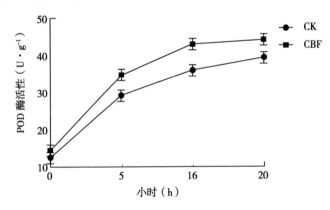

图 4 - 20　盐胁迫下转 CBF 烟草与野生型烟草 POD 酶活性的变化
Figure 4 - 20　The changes of POD - activity between CBF-transgenic
tobacco and wild - type tobacco Under salt stress

## 第五节　小结与讨论

### 一、转 CBF 基因烟草的分子鉴定

通过农杆菌介导法将载有桃 CBF 基因的重组质粒

P3301. PpCBF 转入烟草，经抗性筛选和生根培养等，最终获得转基因植株 11 株，分别以其基因组 DNA 为模板，采用引物 PpCBFf1 和 PpCBFr1 进行 PCR 检测验证阳性植株的个体，证实有 9 株为阳性植株，阳性转化率为 81.8%。

## 二、转桃 CBF 基因与非转基因烟草植株在逆境胁迫下的表型变化

对阳性转基因与非转基因烟草植株给予 4℃ 低温胁迫和干旱胁迫处理，肉眼跟踪观察发现：低温冷害的症状首先表现在植株的柔嫩部分，上部幼叶受害重于下部老叶；而干旱胁迫的症状却首先出现在下部老叶，由此就可看出植物对低温和干旱胁迫的反应途径是有很大差异的。幼嫩的组织对低温反应敏感，所以先受害；干旱胁迫下，上部组织最后表现失水症状，这是由于干旱胁迫下幼嫩的组织水势低，就会从下部衰老叶片中夺取水分的缘故。因此，即使最后幼嫩的组织出现萎蔫但却是死得最晚[232]。在低温和干旱胁迫下，转基因烟草植株的受害症状出现得比非转基因烟草植株迟，且受害症状轻，表现了明显的耐冷性和耐旱性。$100mmol \cdot L^{-1}NaCl$ 的盐溶液对转基因烟草植株与非转基因烟草植株在 24h 内没有造成明显的表型变化，也未看到两者的差异。可能是所用盐溶液浓度较低，不足以对两种烟草植株造成伤害。

## 三、转桃 CBF 基因比非转基因烟草植株矮小

试验研究发现，转 CBF 基因的烟草植株的株高明显低于非转基因的烟草植株，叶片也相应的比非转基因烟草植株的叶片小。这与很多人的研究结果一致。如在拟南芥中组成型量表达 CBF1、CBF2 或 CBF3，转基因植株都会出现生长缓慢、矮小和花期推迟[127,233]。分析出现这一现象的原因可能是由于转基因植

株在正常环境下也会超量表达外源目的基因，包括表现已设定低温等逆境下需进行的生理代谢，这必然导致植株不必要的能量损失[124,234~237]。关于如何降低这种负面作用，目前认为，我们以往是将目的基因置于强的组成型启动子控制下的，导致目的基因无论是常温还是低温下都能在植株各个部位超量表达。因此，将该启动子换成诱导型启动子或许可以消除这一不良后果。目前，这方面研究已有成功的例子，如 Kasuga[239] 等在拟南芥研究中用诱导启动子 rd29A 代替 CaMV35S 启动子，成功获得了转 DREB-lA 的拟南芥，该植株在正常条件下生长不受影响，同时也提高了抗逆性。

### 四、转桃 CBF 基因与对照株在逆境胁迫下的丙二醛和电导度变化

由于自由基的分子或原子带有不配对的电子，因而具有高度化学活性。正常代谢活动和不利的环境条件都能使植物细胞产生活性氧自由基，但活性氧的产生和代谢处于动态平衡之中，此时少量的活性氧对植物生长并无大碍，甚至是有益的；但当细胞内活性氧急剧积累时，由于其具有还原、高能和不稳定等特点，能与蛋白质、核酸和脂类发生相互作用，导致蛋白质失活和降解、膜脂过氧化和 DNA 链断裂等现象，最终导致细胞结构和功能的破坏。

当植物受到高温、低温、干旱和盐渍等胁迫时，植物正常的生理过程受到影响，自由基的产生和清除失去了动态平衡，自由基积累过多，攻击了膜脂质双分子层中的不饱和脂肪酸，导致膜脂过氧化，造成膜系统的伤害，最终致使细胞受到伤害[23]。MDA 就是活性氧自由基启动膜脂过氧化过程中的主要产物之一，MDA 积累是活性氧毒害作用的表现，故常用其含量高低来作为衡量植物在逆境胁迫下膜脂过氧化发生程度的一个常用指

标[208,211,212,239,240]。逆境下，膜受害后，膜质分子结构即呈无序的放射状排列，膜上出现空隙和龟裂，其通透性就会发生变化，电解质大量外渗[241]，相应的其细胞的电导率就会改变，所以，常用逆境胁迫下的电导率来判断膜透性改变的大小。本试验对转 CBF 基因的烟草和非转基因的烟草植株分别同时进行了低温、干旱和盐胁迫，发现在这些胁迫下，两者的 MDA 含量和相对电导度都随胁迫时间的延长而增加，但转 CBF 基因的烟草的 MDA 含量和相对电导度都比非转基因的烟草的低，尤其在干旱和低温胁迫下这种差异非常明显。这说明在同样逆境下，转 CBF 基因的烟草的膜受损度和膜透性变化都比非转基因的烟草的小。

## 五、转桃 CBF 基因与非转基因烟草植株在逆境胁迫下的 SOD 酶和 POD 酶活性变化

植物在长期的进化过程中，演变产生了多种多样的耐逆性机制，体内多种基因诱导表达并发生一系列的生理生化变化，以便对这些胁迫作出积极的反应。当植物受到低温、干旱和盐渍等胁迫时，自由基积累过多，细胞就要面临受到伤害。而植物体内的防御系统就会作出积极的反应，如 SOD 保护酶、CAT 保护酶和 POD 保护酶防御系统和其他非酶自由基清除剂就会发生改变，来降低或消除活性氧对细胞的攻击。所以，人们一直以来都非常关注这些保护酶在各种逆境下的变化，力求揭示植物的耐逆的生理机制。

研究表明，SOD 作为细胞中普遍存在的一类金属酶，它组成了细胞体内第一条抗氧化防线，一般来说，水分胁迫下植物体内的 SOD 酶活性与植物抗氧化能力呈正相关[242]。对烟草、豌豆等进行的干旱胁迫试验结果表明，植物体内 SOD 酶活性上升，且抗旱性越强 SOD 酶活性上升幅度越大[270,243]；还有分析表明 SOD 酶活性上升的抗旱性强，而活性下降的抗旱性弱[244]；陈立

松等[246]在对荔枝进行的水分胁迫试验中发现，随着水分胁迫程度的增加荔枝叶片中 POD 酶活性增加，而且抗旱性较强的品种上升的幅度大于抗旱性较弱的品种；还有研究认为，虽然 SOD 酶活性和 POD 酶活性与干旱有密切的关系，但 SOD 酶活性在干旱条件下降低[246]。而对黄瓜、大豆和蚕豆等进行的干旱胁迫试验证明 SOD 酶活性下降，活性下降越多其抗旱性也越差[247,248]；吴志华等[250]研究抗旱强的品种较抗旱弱的品种能维持较高的 SOD 酶活性，并且 SOD 酶活性在轻度或短期水分胁迫下是呈上升趋势，而在长期或严重胁迫条件下出现下降趋势；茶树遭受水分胁迫时，水分胁迫过程有一个临界强度，耐旱性强的茶树品种其 POD 酶活性在一定范围内相对较低，超过这一范围则维持相对较高活性水平[250]。

由此可见，关于 SOD 酶活性和 POD 酶活性大小与抗旱性强弱的研究结果虽然很多，但结论差异很大。但较多的研究认为，同样胁迫下，这两个酶活性高或增加幅度大或降低幅度小的抗旱性就强。本研究中 SOD 酶活性变化与吴志华等研究结果相同，即抗旱性强的转基因植株比非转基因植株的 SOD 酶活性高；在干旱胁迫前期 SOD 酶活性上升，在胁迫后期下降；而 POD 酶活性变化与陈立松等在荔枝上的研究结果相同，即随着水分胁迫程度的增加转基因植株与非转基因植株的 POD 酶活性都在增加，但抗旱性较强的转基因植株的上升的幅度大于抗旱性较弱的非转基因植株。

温度和盐分也会促使植物体内产生一系列抗氧化酶以分解有毒的活性氧组分，如 SOD 酶、POD 酶、CAT 酶、PAX 酶等[271]。SOD 酶、CAT 酶、POD 酶活性水平与植物的抗寒性强弱有着十分密切的关系，并可以作为低温逆境中植物抗寒性检测的生理指标。如低温锻炼提高了绵头雪莲花组织培养苗细胞内抗氧化酶活性，从而会削弱由低温胁迫引起的膜蛋白和膜脂过氧化，避免对幼苗的伤害，提高绵头雪莲花组织培养苗的抗寒力。这与前人用黄瓜、凤眼莲等植物获得的结果是一致的。SOD 酶和 POD 酶活性是植物细胞的保护性酶，在维持膜系统稳定性方面有持久的作用。SOD 酶和 POD 酶活性的变化能在一定程度上反映品种的抗寒性大小。SOD 酶和 POD 酶活性越高，抗寒能力越强；SOD 值和 POD 值的变化越大，抗寒能力越强。本研究发现，低温胁迫下，抗寒性强的转基因植株的这两种酶活性一直都比非转基因的高，但其变化趋势却与干旱胁迫下不同，它们的 SOD 酶活性一直随胁迫延长而增加，但 POD 酶活性却是在胁迫前期增加后期下降。在盐胁迫下，这两种酶的变化与干旱胁迫的趋势类似。可见，不同逆境下两种酶的代谢机制可能不同。

## 六、转桃 CBF 基因与非转基因烟草植株在逆境胁迫下的可溶性糖和脯氨酸含量的变化

植物在多种逆境下的两个最明显的共同表现：一个是生物膜的损伤；另一个就是失水。当失水达到一定程度，膜和叶绿体及线粒体的结构都会受到不同程度的破坏，于是在逆境下植物细胞通过对脯氨酸、肌醇、甘露醇、甜菜碱、海藻糖、果聚糖、多胺等渗透调节物质的积累，起到降低细胞水势，增加细胞吸水能力，这是植物对细胞失水做出的有效的应激反应之一。

其中，脯氨酸在稳定蛋白质特性和调节细胞渗透势方面起着重要的作用，被作为植物体内最重要的渗透调节物质之一。它是水溶性最大的氨基酸，与水具有较强的结合能力。研究表明：在正常条件下，植物体内的游离脯氨酸含量很低，当植物处于干旱、低温、盐碱等逆境胁迫时，细胞内的游离脯氨酸就会大量积累，其积累指数与植物的抗逆性密切相关[251,252]。很多研究表明，干旱、低温和高渗等逆境胁迫都会使植物体内的脯氨酸含量迅速增加，同时植株的抗逆性也增强，如干旱和盐渍胁迫下，植

物体内的游离脯氨酸含量可以从 2% 增至 50%，据此脯氨酸含量常被作为逆境下叶片衰老的生理指标[253]。赵琳等[254]对云南干热河谷植被车桑子和清苗木研究表明，其脯氨酸含量在不同程度的干旱胁迫下均大幅度上升，同时植株的抗旱性增强。对玉米研究显示，抗旱性玉米品种游离脯氨酸积累量就明显大于不抗旱品种。在用不同浓度的 PEG 处理甘薯根系的研究中得出的结论相对复杂：在中度干旱胁迫以上抗旱品种中游离脯氨酸的积累比抗旱性较弱的品种为少，而在逐渐加深的缓慢的干旱胁迫中脯氨酸积累无论在时间上，还是在数量上都与甘薯品种的抗旱适应能力没有密切的关系[256]。

本试验中的研究结果表明，转 CBF 基因的烟草的游离脯氨酸含量比非转基因烟草的高；在三种逆境胁迫下两者的游离脯氨酸含量都在增加，但抗性强（冷和旱）的转 CBF 基因的烟草的游离脯氨酸含量要比抗性弱的非转基因烟草的含量高。这与大多数科研研究的结果是一致的。

可溶性糖也和游离脯氨酸一样被视为植物抗冻力形成的物质基础之一，具有降低细胞冰点、保持细胞内水分、防止膜脂过氧化、稳定蛋白质和细胞膜结构和防止细胞过度脱水的生理作用，可以减少逆境对细胞的伤害[220]。因此，植物为了适应逆境条件，在干旱和低温等胁迫下就会主动积累一些可溶性糖，使渗透势和冰点降低，以此来适应外界环境条件的变化[257]。有很多研究支持可溶性糖可以作为一种抗寒保护物质，认为植物的抗寒性与可溶性糖含量呈正相关[220]。有研究表明可溶性糖的含量与柑橘抗寒力之间呈正相关[258]。而 Yelenosky 对柑橘的研究则认为，叶片中的糖和淀粉值与抗寒锻炼关系密切，其比值大则抗寒性强[259,260]。有一些研究支持可溶性糖含量与作物的抗旱性有关[261~263]，干旱胁迫下不同小麦品种穗下节可溶性糖含量明显增加[264]；在土壤缓慢水分胁迫下，小麦和柽柳的可溶性糖含量也在增加,参与降低体内的渗透势[265,266];渗透胁迫下野生人豆可溶性糖积累表现突出[267]。在我们的研究中发现,抗旱性和抗寒性强的转 CBF 基因的烟草植株在干旱和盐胁迫下的确积累了较多的可溶性糖,但在低温胁迫下两者的可溶性糖含量都没有明显增加,不过,常温下转 CBF 基因的烟草植株的可溶性糖含量高于非转基因植株的。可见,可溶性糖含量可以作为抗逆性强弱的指标之一,本研究中更支持其作为抗旱性强弱的指标。而在低温胁迫下要与其他指标共同参考以保证评判的准确性。

研究表明,CBF 转录因子对与低温和水分胁迫相关的多个基因具有分子开关的作用[128]。Gilmour 等对超表达 CBF3 的拟南芥植株的研究表明,非冷驯化下其抗冷性明显提高,脯氨酸和蔗糖、棉籽糖、葡萄糖和果糖等可溶性糖积累水平较高[121]。对低温胁迫下转 CBF3 基因烟草研究表明:可溶性糖、可溶性蛋白质和游离脯氨酸等渗透调节物质的含量增加[268];SOD 酶活性、POD 酶活性等活性氧清除酶的活性也增加[269]。我们对过表达桃 CBF 基因的烟草植株的研究也显示,低温、干旱和盐胁迫处理前其丙二醛含量和电导度都比非转基因植株的低,可溶性糖和游离脯氨酸含量以及 SOD 酶活性和 POD 酶活性也都明显或略高于非转基因植株;在相同逆境下,其丙二醛含量和电导度都比非转基因植株的显著或不显著的低,而可溶性糖和游离脯氨酸含量以及 SOD 酶活性和 POD 酶活性也都明显或略高于非转基因植株。两相比较说明,一方面,过表达桃 CBF 基因的烟草植株以高含量的可溶性糖和游离脯氨酸来保持原生质体与不良环境间的渗透平衡;同时,加之较高的 SOD 酶活性和 POD 酶活性清除相对较低的自由基含量,对减轻烟草幼苗细胞的膜质过氧化产物 MDA 的生成量起到事半功倍的效果,因此,在表型上我们可以看到转基因植株与非转基因植株的差异之大。

## 第五章

# 转CBF基因烟草的FAD和ERDB两基因的表达分析

## 第一节　引　言

在上一章中，我们发现转桃 CBF 基因的阳性烟草植株在低温和干旱胁迫下的表型与抗逆相关的理化指标都优于非转基因植株，表现了较强的抗寒性和抗旱性；对盐胁迫的抵抗，从理化指标上也表现了同样的优越性。这些理化指标的变化究其根源都来自于相应的控制基因表达的变化。

因此，我们以决定膜相变温度的关键基因 FAD 和 CBF 直接调控的下游基因 ERDB 为主要研究对象，探讨这两个基因在逆境下的转 CBF 基因的烟草与非转基因烟草间的表达差异，为从分子角度进一层解释转 CBF 基因的耐逆性提供依据。

## 第二节　试验材料和仪器

### 一、试验材料

来自于上一章中的干旱、低温和盐胁迫下的不同时间内的转桃 CBF 基因烟草和非转基因烟草的植株的叶片。

### 二、主要化学试剂和仪器

RNA 提取及 RT-PCR 等所需试剂及 PCR 扩增仪等相关设备

都与第二章相同。

# 第三节　试验方法

## 一、不同处理下烟草叶片的总 RNA 提取

上述烟草叶片总 RNA 的提取采用 Trizol 法：

①取预冷的离心管并加 1ml Trizol 试剂；再将 0.1g 烟草叶片放入预冷的研钵中，液氮下快速研磨成白色粉末，将粉末与 Trizol 试剂混合，用力摇 7～8min，至液体呈棕褐色（注意放一或二次气，防止离心管盖子弹开），冰上放置 5～10min；于 4℃，12 000rpm 离心 10min。

②取上清液，加入 200μl 氯仿，剧烈振荡 15s，冰上放置 5min 后于 4℃ 13 000rpm 离心 15min。

③将上层水相慢慢的吸至一新离心管中（切勿吸到中间层或下层），加入等体积预冷的异丙醇，室温放置 10min；于 4℃ 13 000rpm 离心 10min，RNA 于管底形成胶状沉淀。

④弃上清液，沉淀用 1ml 75% 乙醇洗 2 次；4℃ 10 000rpm 离心 5min。

⑤弃上清液，于超净台上晾干后，溶于 25μl DEPC 处理过的水中，－80℃ 保存备用。

## 二、RNA 的质量检测与 RT-PCR

这些不同处理下烟草叶片中提取的 RNA 的质量检测及其 RT-PCR 的体系与条件均同第二章。

## 三、FAD 和 ERDB 两基因在逆境下的应答表达分析

以烟草的 NtERD10B 基因和 fatty acid desaturase 基因设计目

的基因的引物对 NtERD10Bf1／NtERD10Br1（AB049336）与 Nt-FADf1／NtFADr1（D79979.1）；以来自烟草的 PR15 mRNA 上的基因（AF154640）设计 Actin 的引物 NtACTINf1／NtACTINr1。

以此 Actin 基因产物为内参，对目的基因进行扩增。反应体系是 50μl，扩增条件为：94℃ 3min；94℃ 30s，53℃ 30s，72℃ 30s，共 30 个循环；72℃延伸 10min。RT-PCR 产物经 2.0% 的琼脂糖电泳检测后照相，保存，重复 3 次使结果一致。

## 第四节　结果与分析

### 一、低温胁迫下转 CBF 基因烟草与非转基因烟草的 FAD 和 ERDB 基因的表达

低温胁迫下转 CBF 基因的烟草与非转基因烟草的 FAD 和 ERDB 基因的表达情况如图 5－1 所示：在低温处理前和冷胁迫

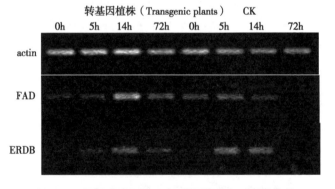

图 5－1　低温胁迫下转 CBF 基因烟草与对照植株的
FAD 和 ERDB 基因的表达量分析

Figure 5－1　Analysis of the expression quantity of
FAD and ERDB gene in transgenic tobacco with
CBF gene and control plants under cold stress

5h 的时候对照株的 FAD 表达量略高，且对照株在 5h 时表达量
达最高；而转基因植株的表达高峰出现在冷胁迫的 14h 时，此时
对照株的表达量已经下降且明显低于转基因植株；在冷胁迫 72h
时，对照株已经检测不到该基因的表达。ERDB 基因在转基因和
非转基因植株中的胁迫前表达都很微弱，在低温胁迫下开始大量
表达，其在两者间的变化规律与 FAD 类似，即对照株的表达高
峰出现在冷处理 5h 时，而转基因植株的表达高峰出现在 14h 时；
在胁迫的 72h 时已在对照中检测不到该基因的表达。

## 二、干旱胁迫下转 CBF 基因烟草与非转基因烟草的 FAD 和 ERDB 基因的表达

干旱胁迫下转 CBF 基因的烟草与非转基因烟草的 FAD 和
ERDB 基因的表达情况如图 5 - 2 所示：在干旱胁迫 1d 时对照株

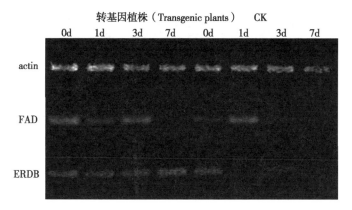

图 5 - 2　干旱胁迫下转 CBF 基因烟草与对照植株的
FAD 和 ERDB 基因的表达量分析

Figure 5 - 2　Analysis of the expression quantity of FAD and
ERDB gene in transgenic tobacco with CBF gene and
control plants under drought stress

的 FAD 表达量就达到最高，在第 3d 表达相当微弱了；而转基因植株在第 3d 仍然有相当的表达量；第 7d 在两者中都检测不到该基因的表达。相对 FAD 基因，ERDB 基因在两者间的差异非常明显，该基因在转基因植株中一直保持较高的表达量，而对照株在第 3d 时表达就很弱了，后来就检测不到其表达了。

### 三、盐胁迫下转 CBF 基因烟草与非转基因烟草的 FAD 和 ERDB 基因的表达

盐胁迫下转 CBF 基因的烟草与非转基因烟草的 FAD 和 ERDB 基因的表达情况如图 5 – 3 所示：在盐胁迫下转基因植株的 FAD 表达量一直维持在较稳定的状况，而对照株的表达量在逐渐下降，直至无法检测到的表达量。ERDB 基因在盐胁迫下的转

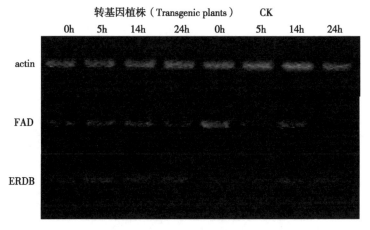

图 5 – 3　盐胁迫下转 CBF 基因烟草与对照植株的
FAD 和 ERDB 基因的表达量分析

Figure 5 – 3　Analysis of the expression quantity of FAD
and ERDB gene in transgenic tobacco with CBF gene
and control plants under salt stress

基因植株中也是一直保持较高的表达水平；而对照株在盐胁迫下一直有表达，但表达量明显低于转基因植株。

## 第五节 小结与讨论

通过对低温、干旱和盐胁迫下转 CBF 基因与非转基因烟草植株的 FAD 基因和 ERDB 基因的表达量分析发现，转基因植株在胁迫下这两基因的表达量都比对照高，尤其在胁迫后期这种差异表现得更加明显。

可能正是由于高表达水平的 FAD 基因会增加膜脂的不饱和度，降低了膜的相变温度，维持了膜在逆境下的稳定性，从而提高了植物的耐冷、耐旱和耐盐性。同时也表明，CBF 基因介导的逆境信号路径中，FAD 基因和 ERDB 基因可能都是其下游的直接或间接的靶基因。

# 第六章

## 研究结果与展望

本书首次对生产中多个不同桃品种的 CBF 基因进行了分离，同时也是首次克隆到了桃的 ICE 基因。研究发现，CBF 基因序列在品种间相似性很高，只有少数品种发生个别氨基酸的改变；而 ICE 基因序列在品种间变化比较丰富，测试的 16 个品种中就有 4 个品种（Dajiubao、B6832、Zaolu 和 Jingqiu）发生了基因突变，据生产中调查发现 Jingqiu 这一品种的抗寒性是比较突出的，这是否和 ICE 基因的突变有关，还需要后续的大量研究来证实。

使桃 CBF 基因在烟草中过表达，发现转基因烟草植株内具有渗透调节作用的脯氨酸和可溶性糖含量较高；具有自由基清除作用的 SOD 酶活性和 POD 酶活性也较高；膜过氧化物 MDA 含量和相对电导率较低；失水速率也较低；对低温和干旱的抵抗能力显著比对照高，说明桃 CBF 转录因子在植物对低温和干旱逆境响应的信号传导路径中具有重要的调控作用。从中还发现转基因植株的株高比对照低，这可能是由于我们的目的基因是受组成型强启动子 CaMV35S 驱动的原因，使其在常温下也在植株体内超量表达，造成能量的浪费。以后研究中将组成型启动子改为诱导型启动子是避免这种负面作用的较好方法。

我们将桃 ICE 基因也转入了烟草，此时已到了生根阶段，但由于时间关系还未进行相关的分子鉴定和功能分析。

我们已经知道，CBF 基因和 ICE 基因是植物对低温逆境响应的主要信号转导路径中的两个关键转录因子，ICE 基因在此路径中较早感受低温信号，然后与 CBF 启动子中的 MYC 作用元件结合，调控 CBF 基因的表达；被激活的 CBF 基因进一步与 CRT/DRE DNA 调控元件特异结合，调控启动子中含有这一调控元件的下游一系列与低温和干旱有关的基因的表达，从而激活植物体内的多种耐逆机制。所以，关于这两个转录因子基因及它们间的互作机理正在成为植物抗寒领域研究的新亮点。然而，目前从不同植物中分离到的这两个基因，大多都首先转入拟南芥和烟草等模式植物中，以此来研究各基因的作用机理。其中，以农杆菌介导的对烟草叶盘侵染的遗传转化方法具有技术体系成熟，操作简单、成本相对较低且转化效率较高等优点，而被广泛用来作为基因作用机理的研究体系。从在草本植物中进行机理研究到在木本植物上的应用，这中间要解决的关键就是木本植物的遗传转化体系的建立。关于这方面的研究近年来虽然也已获得较多成功，但都存在着或成本高、或重复性差、或技术要求高等问题。杨树由其自身特性和转化体系的健全正在成为木本植物的模式植物，这也为今后其他木本植物转化体系的建立打下了良好基础。

总之，我们研究的最终目的，还是希望这些优良的抗性基因被发掘出来后，能对生产中品质好而抗性差的品种进行改造，直接为生产服务。今后，关于桃抗寒性育种的分子研究主要有以下三方面的工作：

第一，继续研究 CBF 和 ICE 这两个转录因子的互作机理，对它们在低温和干旱等非生物胁迫下的响应机制有更深入的理解。

第二，继续挖掘不同品种间的优良抗性资源，发现在抗寒等逆境胁迫中发挥重要作用的其他转录调控因子，为抗逆性育种提供更多的途径。

第三，就是建立桃的优良的遗传转化体系，为更好地利用基因工程对桃的抗逆性等优良性状进行改造扫除障碍、铺平道路。

# 参考文献

［1］Bray E A, Bailey Serres J and Weretilnyk E. "Responses to abiotic stresses," in Biochemistry and Molecular Biology of Plant, eds W. Gruissem B. Buchannan, and R. Jones (Rockville, MD: American Society of Plant Biologists), 2000: 158.

［2］Boyer, J S. Plant productivity and environment. Science, 1982 (218): 443~448.

［3］Mittler R. Abiotic stress, the feld environment and stress combi-nation. Trends Plant Sci, 2006 (11): 15~19.

［4］Witcombe J R, Hollington P A, Howarth C J, Reader S and Steele K A. Breeding for abiotic stresses for sustainable agriculture. Philos. Trans. R. Soc. Lond. B Biol. Sci. 2008 (363): 703~716.

［5］蒋志荣. 沙冬青抗旱性机理的探讨. 中国沙漠, 2000, 20 (1): 70~74.

［6］陈志刚, 谢宗强, 郑海水. 不同地理种源西南桦苗木的耐热性研究. 生态学报, 2003, 2 (11): 2327~2332.

［7］Khandekar M L, Murty T S, Chittibabu P. The global warming debate: a review of the state of science. Pure and Applied Geophysics, 2005 (162): 1557~1586.

［8］Salinger M J. Climate variability and change: past, present and future-an overview. Climatic Change, 2005 (70): 9~29.

［9］Chaitanya K V, Sundar D, Masilamani S, Reddy A

R. Variation in heat stress-induced antioxidant enzyme activities among three mulberry cultivars. Plant Growth Regulation, 2001 (100): 1~6.

[10] Ghouil H, Montpied P, Epron D, Ksontini M, Hanchi B, Dreyer E. Thermal optima of photosynthetic functions and thermostability of photochemistry in cork oak seedlings. Tree Physiology, 2003 (23): 1031~1039.

[11] 齐宏飞. 植物抗逆性研究概述. 安徽农业科学, 2008, 36 (32): 13943~13946.

[12] 庞士铨. 植物逆境生理学基础. 哈尔滨: 东北林业大学出版社, 1990.

[13] Steponkus P L. Role of the plasma menbrane in freezing injury and cold acclimation. A nnu Rev Plant Physiol, 1984 (35): 543~584.

[14] Levitt J. Respomes of plants to enviromental stresses. Vol1. 2nd. Acadimic Press, 1980

[15] Steponkus P L, Uemura M, Webb M S. Membrane destabili-zation duning freeza-induce dehydration. Curt. Topics. Plant Physiol, 1993 (10): 37~47.

[16] Guy CL. Cold acclimation and Freezing stress tolerance: role of proteinmetabolism. Annu. Rev. Plant Physiol, 1990 (41): 187~223.

[17] Guy c. Haskell D, Li Q B. Association of protein with the stress 70 molecular chaperones at low temperature: evidence for the existence of cold labile prote in simspinach. Cryobiolo-gy, 1998 (36): 401~314.

[18] 简令成, 王红. 钙 ($Ca^{2+}$) 在植物抗寒中的作用. 细胞生物学杂志, 2002, 24 (3): 166~171.

［19］刘炜，孙德兰，王红等. 2℃低温下抗寒冬小麦与冷敏感春小麦幼苗细胞质膜 $Ca^{2+}$-ATPase 活性比较. 作物学报，2002，28（2）：227～229.

［20］王红，孙德兰，卢存福等. 抗寒锻炼对冬小麦幼苗质膜 $Ca^{2+}$-ATPase 的稳定作用. 植物学报，1998，40（12）：1098～1101.

［21］简令成，孙龙华，卫翔云. 从细胞膜系统的稳定性与植物抗寒性关系的研究到抗寒剂的研制. 植物学通报，1994（5）：11～22.

［22］罗铮. 三种优良的攀缘植物. 中国花卉盆景，1997（6）：6.

［23］简令成，吴素首. 植物抗寒性的细胞学研究——小麦越冬过程中细胞结构的变化. 植物学报，1987（13）：1～15.

［24］Thomashow M F. Plant cold acclimation：freezing tolerance genes and regulatory mechanisms. Annu Rev Plant Physiol Plant Mol Biol. 1999（50）：571～599.

［25］潘瑞炽. 植物生理学. 北京：高等教育出版社，2004.

［26］Lyons J M. Raison J K. Oxidative activity of mitochondria isolated from plant tissues sensitive and resistant to chilling injury. Plant physiol，1970，45（4）：386.

［27］马建. 植物的冷诱导基因. 农业生物技术学报，1996，4（1）：8～13.

［28］王凭青等. 植物抗寒基因工程研究最新进展. 重庆大学学报，2003，26（7）.

［29］王瑞云等. 植物抗寒性基因工程研究进展. 中国生态农业学报，2004，12（1）.

［30］简令成，孙龙华，孙德兰. 几种植物细胞表面糖蛋白

的电镜细胞化学及其与植物抗逆性的关系. 实验生物学报, 1986 (19): 261~271.

[31] Uemura M. Cold acclimation of Arabidopsis thaliana effect on plasma membrane lipid composition and freeze-induced lesions. Plant Physiol, 1995 (109): 15~30.

[32] 王育启, 王洪春. 膜脂组分对水稻线粒体 Q-酮戊二酸活力的影响. 植物生理学报, 1981 (7): 185~192.

[33] 陈娜, 郭尚敬, 孟庆伟. 膜脂组成与植物抗冷性的关系及其分子生物学的研究进展. 生物技术通报, 2005 (2): 6~8.

[34] 简令成. 植物冻害和抗冻性的细胞生物学研究. 植物生理生化进展, 1987 (5): 1~16.

[35] Wanner L A. Cold-induced freezing tolerance in Arabidopsis. Plant Physiol, 1999 (120): 391~400.

[36] Yamaki S, Uritani L. Mechanism of chilling injury in sweet potato. Plant Cell Physiol, 1974 (15): 385~388.

[37] Palta J P, Li P H. Cell membrane properties in relation to injury. Plant Cold Hardiness and Freezing Stress, Academic Press, New York, 1987: 93~115.

[38] Uemura M E and Yoshida S. Plant thermal hysteresis proteins. Biochem Biophys Acta, 1992, 1121 (1): 199~206.

[39] 左永忠, 李俊英, 陆贵巧. 低温驯化对苗木生理及核酸转录的影响. 生物技术, 1999, 9 (3): 9~11.

[40] 柴团耀, 张玉秀. 菜豆富含脯氨酸、蛋白质基因在生物和非生物胁迫下的表达. 植物学报, 1999, 41 (1): 111~113.

[41] 崔红, 于晶, 高秀芹等. 3 个紫斑牡丹品种的抗寒生理特性研究. 东北农业大学学报, 2009, 40 (7): 24~27.

［42］Bowler C. Superoxide dismutase and stress tolerance. Annu Rev Plant Physiol Plant Mol Biol, 1992（43）: 83～116.

［43］Ristic Z. Changes in leaf ultrustmcture and carbohydrates in *Arabidopsis thaliana* L. CV. Columbia suring rapid cold acclimation. Protoplasma, 1993（172）: 111～123.

［44］Mckown R. Cold responses of Arabidopsis mutants impaired in freezing tolerance. J Exp Bot, 1996（47）: 1919～1925.

［45］Kishitani S. Accumulation of glycinebetaine during cold acclimation and freezing tolerance in leaves of winter and spring barley plants. Plant Cell Environ, 1994（17）: 89～95.

［46］Nomura M. The accumulation of glycinebetaine during cold acclimation in early and late cultivars of barley. Euphytica, 1995（83）: 247～250.

［47］Delauney A J. Proline biosynthesis and osmoregulation in plants. Plant J, 1993（4）: 21～223.

［48］Kangh M, Sal Tveit M E. Reduced chilling tolerance inelongating cucumber seedings radicles is relater totheir reduced antioxidant enzyme and DPPH-radical scavenging activity. Plant Physiol, 2002（115）: 244～250.

［49］Soumen B, Reactiveoxygen species andoxidative burst Roles in stress, senescence and signal transductionin plants. Curr Sci, 2005（89）: 1113～1121.

［50］王丽雪. 葡萄枝条中蛋白质、过氧化物酶活性变化与抗寒性的关系. 内蒙古农牧学院学报, 1996, 1（17）: 45～49.

［51］刘祖祺, 张石城. 植物抗性生理学. 北京: 中国农业出版社, 1994.

［52］祁忠占, 彭永康, 宋久雪. 汞对蔬菜幼苗生长及过氧

化酶同工酶的影响. 环境科学学报, 1991, 11 (3): 370～374.

[53] Weiser C J. Cold resistance and injury in wood plant. Science, 1970 (169): 1269～1278.

[54] Guy L C, Niemi K J, Brambl R. Altered gene expression during cold acclimation of spinach. Proc Natl Acad Sci USA, 1985, 82 (11): 3673～3677.

[55] 邓江明, 简令成. 植物抗冻机理研究新进展: 抗冻基因表达及其功能. 植物学通报, 2001, 18 (5): 521～530.

[56] Leyva A. low temperature induces the accumulation of phenylalarine ammonia-lyase and chalcone synthase mRNAs ofArabidopsis thaliana in a light-dependent manner. Plant Phsiol, 1995 (108): 39～46.

[57] Gihson S. Cloning of a temperature-regulated gene encoding a chloroplast omega-3-desatunase from Arabidopsis thaliana. Plant Physiol, 1994 (106): 1615～1621.

[58] Hughes MA. Low temperature treatment of barley plants causes altered gene expression in shoot meristems. J Exp Bot, 1988 (39): 1461～1466.

[59] 周碧燕, 陈杰忠, 季作梁等. 香蕉越冬期间 SOD 活性和可溶性蛋白质含量的变化. 果树科学, 1999, 16 (3): 192～196.

[60] 王孝宣, 李树德, 东惠茹等. 番茄品种耐寒性与 ABA 和可溶性糖含量的关系. 园艺学报, 1998, 25 (1): 56～60.

[61] Ingram J. The molecular basis of dehydration tolerance in plants. Annu Rev Plant Physiol Plant Mol Bio1, 1996 (47): 377～403.

[62] Shinozaki K. Gene expression and signal transduction in

water-stress response. Plant Physio, 1997 (115): 327～334.

[63] Warren G J. The molecular biological approach to understanding freezing-tolerance in the model plant Arabidopsis thaliana. Environmental Stressors and Gene Responses, 2000 (1): 245～258.

[64] High L. The primarysignal in the biological perception of temperature: Pd catalyzed hydrogenation of membrane liquids the expression of the des A gene in Synechocystie PCC6803. Proc. Natl. Acad, 1993 (90): 9090～9094.

[65] Losd A, Raym K, Murata N. Differences inthecontrol of the temperature dependent expression of four genes for desaturases in Synechocystis sp. PCC6803. Mol. Microbiol, 1997 (25): 1167～1175.

[66] Wada H Gombos Z, Nurata N. Enhancement of chilling tolerance of a cyanobacterium by genetic manipulation of fatty acid desaturation. Nature, 1990: 200～203.

[67] Yokio S. Introduction of the cDNA fo rArabidopsis glycerol-3-phosphate acyltransferase (GPAT) confers unsaturation of fatty acids and chilling tolerance of photosynthesis on rice. Mol Breed, 1998 (4): 69～275.

[68] Kodama H, Hamada T, Horigu Chi G, Nishimura M, Iba K. , Geneticenhancement of coldtolerance byexpressionof a gene for chloroplast ω-3 fatty acid desaturase in transgenic tobacco. Plant Physiol, 1994, 105 (2): 601～605.

[69] Kodama H, Hofiguchi G Nishmura M, et al. Fatty acid desaturation during chilling acculimation is one of the factors involved in conferring low-temperature tolerance to young tobacoo leaves. Plant Physiol, 1995: 117～1185.

〔70〕Murata N, Ishizaki-Nishizawa O, Higashi S, et al. Genetical yengineered alteration in the chilling sensitivity of plants. Nature, 1992：710~713.

〔71〕Polashock J, Lipson D, Berkowitz G, et al. Expression of yeast △-9 fatty acid desaturase Activity enhances chilling resistance in tobacco. Supplemen to Plant Physiol, 1993：160

〔72〕Ma J, Liu D, Tang P. Cloning of sain4ach SAD gene, its construction and transformation to tobacoo. Supplement to Plant Physiol, 1996：814.

〔73〕Apel K, Hirt H. Reactive oxygen species：Metabolism, oxidative stress, and signal transduction. Annu. Rev. Plant Biol, 2004（55）：373~379.

〔74〕Mc Kersie BD, Chen Y, Beus M, Bowleys R, Bowler C. Superoxide dismutase enhances tolerance of freezing stress intransgenic alfalfa（*Medicagosativa* L.）. Plant Physiol, 1993, 103（4）：1155~1163.

〔75〕江勇，贾士荣，费云标. 抗冻蛋白及其在植物抗冻生理中的作用. 植物学报，1999，7（41）：687~692.

〔76〕蒋芳玲. 不结球白菜抗寒相关基因的克隆及序列分析. 南京农业大学博士学位论文，2006.

〔77〕Kimberly D K. Accumulation of type I fish antifreeze protein in transgenic tobacco is cold-specific. Plant Mol Biol, 1993（23）：377~385.

〔78〕Huang T, Dumanj G. Cloningandcharacterization of athermal hysteresis（antifreeze）protein with DNA-binding activity from winter bittersweet nightshade, Solanum dulcamara. Plant Mol. Biol, 2002, 48（4）：339~350.

〔79〕王艳，邱立明，谢文娟. 昆虫抗冻蛋白基因转化烟草

的抗寒性. 作物学报, 2008, 34 (3): 397~402.

[80] 马振东, 石艳霞. 植物抗寒性的研究进展. 林业科技情报, 2010, 42 (1).

[81] Worrall D, Elias L, Ashford, et al. A carrot leucine-rich-repeat protein that inhibits ice Recrystallization. Science, 1998: 115~117.

[82] Meyer K A. Leucine-rich repeat protein of carrot that exhibits antifreeze activity. FEBS Letters, 1999: 171~178.

[83] 尹明安. 胡萝卜抗冻蛋白基因克隆及植物表达载体构建. 西北农林科技大学学报 (自然科学版), 2001, 29 (1): 6~10.

[84] 刘文英, 张永芳, 张东旭. 植物抗寒基因研究进展. 山西大同大学学报 (自然科学版), 2012 (2): 52~55.

[85] Nanijo T, Koba ysshi M, Yoshiba Y. Antisense suppressionof proline degradation improves tolerance to freezing and salinity in Arabidopsis thaliana. FEBSLetter, 1999 (461): 205~221.

[86] Xiao B, Huang Y, Tang N X, et al. Over- expression of a LEA gene in rice improves drought resistance under the field conditions. Theoretical and Applied G enetics, 2007, 115 (1): 35~46.

[87] Artus N N, Uemura M, Steponkus P L, et al. Constitutive expression of the cold-regulated Arabidopsis Thaliana CORl5a gane affects both chloroplast and protoplast freezing tolerance. Proc Natl Sci USA, 1996: 13404~13409.

[88] Gilmour S J. cDNA sequence analysis and expression of two cold-regulated genes of Arabidopsis thaliana. Plant Mol Biol, 1992 (18): 13~22.

[89] Kurkela S. Cloning and characterization of a cold-and

ABA-inducible Arabidopsis gene. Plant Mol Biol, 1990 (15). 137 ~ 144.

[90] Kodama H, Nishiuchi T, Seo S, et al. Possible involvement of protein phosphorylation in the wound -responsive expression of Arabidopsis plastid ω -3 fatty acid desaturase gene. PlantScience, 2000, 155 (2): 153 ~160.

[91] Steponkus P L. Mode of action of the CORl5a gene on the freezing tolerance of Arabidopsis Thaliana. Proc Natl Acad Sci USA, 1998 (95): 14570 ~14575.

[92] Jaglo-Ottosen K R. Arabidopsis CBFl overexpression induces COR genes and enhances Freezing tolerance. Sci, 1998 (280): 104 ~106.

[93] Warren G J. Cold stress: manipulating freezing tolerance inplants. Current Biology, 1998, 8 (15): 514 ~516.

[94] Thomashow M F. Molecular basis of plant cold acclimation: Insights gained from studying the CBF cold response pathway. Plant Physiology, 2010, 154 (2): 571 ~577.

[95] Hughes M A, DunnM A. The molecular biology of plant acclimation to low temperature. Exp Bot, 1996: 291 ~305.

[96] DeheshK, Smith L G, Tepperman J M, et al. Twin autonomous bipartite nuclear localization Signals direct nuclear import of GT-2. Plant Jounal, 1995: 25 ~36.

[97] Chart M T, Chang H H, Ho S L, et al. Agrabaeterium-mediated production of transgenic riceplants expressing a chimeric alpha-amylase promoter/beta-gineuronidasegene. Plant Mol aiot, 1993: 491 ~506.

[98] Meshi T, Iwalmehi M. Plant transcriptionfactors. Plant cell physiol, 2005: 1405 ~1420.

［99］吴乃虎. 基因工程原理（下册）. 北京：科学出版社, 2002.

［100］Paz-Ares J, Ghosal D, Wienand U, Peterson P A, Saedler H. The regulatory c1 locus of *Zea mays* encodes a protein with homology to myb proto -oncogene products and with structural similarities to transcriptional activators. EMBO Journal, 1987, 6（12）: 3553 ~3558.

［101］Yamaguchi-shinozaki K. A novel cis-acting element in an Arabidopsis gene is involved in Respinsiveness to drought, low-temperature or high-salt stress. Plant Cell, 1994（6）: 251 ~264.

［102］Baker S S. The 5' -region of Arabidopsis thaliana corl5a has cis-acting elements that confer Cold-drought-and ABA-regulated gene expression. Plant Mol Biol, 1994（24）: 701 ~713.

［103］Wang H. Promoters from Kinl and cot 6. 6, two homologous Arabidopsis thaliana genes: transcriptional regulation and gene expression induced by low temperature, ABA osmoticumand dehydration. Plant Mol Biol, 1995（28）: 605 ~617.

［104］Stockinger E J. Transcriptional adaptor and histone acetyltransferase proteins in Arabidopsisand their interactions with CB-Fl, a transcriptional activator involved in cold-regulated gene expression. Nucleic AcidsRes, 2001, 29（7）: 1524 ~1533.

［105］Kanaya E. Characterization of the transcriptional activator CBFl from Arabidopsis thaliana. J Biol Chem, 1999, 274（23）: 16068 ~16076.

［106］Gilmour S J. Low temperature regulation of the Arabidopsis CBF family of AP2 transcriptional activator as an early step in cold-induced COR gene expression. Plant, 1998, 16（4）: 433 ~442.

［107］Thomashow M F. Role of the Arabidopsis CBF transcriptional activators in cold acclimation Physiol Plant, 2001（112）. 171~175.

［108］Zhou N. Molecular cloning of a cDNA encoding dehydration responsive element binding protein in Brassica napus. NCBI GeneBank, 1998.

［109］Jaglo K R. Components of the Arabidops is C-repeat/dehydration responsive element binding factor cold-response pathway are conserved in Brassica napos and other plant species. Plant Physiol, 2001, 127（3）: 910~917.

［110］Choi D W. Rice DRE／CRT binding factor（CBF）. NCBI GeneBank 28, 2000.

［111］William J G Nucl. Acids Res, 1990（18）: 6531~6535.

［112］程汉, 安泽伟, 黄华孙等. 巴西橡胶树 CBF1 基因的克隆和序列分析. 热带作物学报, 2005, 26（3）: 50~55.

［113］Riechmann J L, Meyerowitz E M. The AP2／EREBP family of plant transcription factors. Biological Chemistry, 1998, 379（6）: 633~646.

［114］Medina J. The Arabidopsis CBF gene family is composed of three gene encoding AP2 domain-containing proteins whose expression is regulated by low temperature but not by abscisic acid or dehydration. Plant Physiology, 1999（119）: 463~469.

［115］Okamuro J K. The AP2 domain of APETALA2 defines a large new family of DNA binding proteins in Arabidopsis. Proc Nail Acad Sci USA, 1997（94）: 7076~7081.

［116］Stoekinger E J. Arabidopsis thaliana CBF1 encodes an AP2 domain-containing transcriptional activator that binds to the C-repeat／DRE, acis-acting DNA regulatory element that stimulates transcription in respense to low temperature and water deficit. Proc Natl Acad Sci US, 1997 (94): 1035 ~ 1040.

[117] 刘强, 张贵友, 陈受宜. 植物转录因子的结构与调控作用. 科学通报, 2000, 45 (14): 1465 ~ 1474.

[118] Allen M D. A novel mode of DNA recognition by a beta-sheet revealed by the solution structure of the GCC-box binding domain in complex with DNA. EMBO J, 1998, 17 (18): 5484 ~ 5496.

[119] Klimczak L J. Reconstitution of Arabidopsis casein kinase II from recombinant subunits and phosphorylation of transcription factor CBF1. Plant Cell, 1995 (7): 105 ~ 115.

[120] Dure L. Common amino acid sequence domains among the LEA proteins of higher planls. Plant Mol Biol, 1989 (12): 475 ~ 486.

[121] Gilmour S J. Overexpression of the Arabidopsis CBF3 transcriptional activator mimics multiple biochemical changes associated with cold acclimation. Plant Physiol, 2000, 124 (4): 1854 ~ 1865.

[122] Nanjo T. Antisense suppression of proline degradation improves tolerance to freezing and salinity in Arabidopsis thaliana. FEBS Lett, 1999 (461): 205 ~ 210.

[123] Shinozaki K, Yamaguchi Shinozaki K. Molecular responses to dehydration and low temperature: differences and cross - talk between two stress signaling pathways. Current Opinion in Plant Biology, 2000, 3 (3): 217 ~ 223.

[124] Gilmour S, Fowler S. Thomashow M. Arabidopsis transcriptional activators CBF1, CBF2, and CBF3 have matching functional activities. Plant Mol. Biol, 2004 (54): 767 ~ 781.

[125] MANTYLA E, Lang V, Palva E T. Role of abscisic acid in drought-induced freezing tolerance, cold acclimation and accumulation of LTl78 and RABl8 proteins in Arabidopsis thaliana. Plant Physiology, 1995 (107): 141 ~ 148.

[126] STEPONKUS P L, Uemura M, Webb M S. A contrast of the cryostability of the plasma membrane of winter rye and spring oat-two species that widelydiffer in their freezing tolerance and plasma membrane lipid composition. //Steponkus P L. Advances in Low-Temperature Biology, London: JAI Press, 1993: 211 ~ 312.

[127] Liu Q, Kasuga M, Sakuma Y, et al. Two transcription factors, DREB1 and DREB2, with an EREBP / AP2 DNA binding domain separate two cellular signal transduction pathways in drought and low temperature responsive gene expression, respectively, in Arabidopsis. The Plant Cell, 1998 (10): 1391 ~ 1406.

[128] Thomashow M F. So what's new in the field of plant cold acclimation. Lots Plant Physiology January, 2001, 125 (1): 89 ~ 93.

[129] Chinnusamy V, Ohta M, Kanrar S, et al. ICE1: a regulator of cold-induced transcription and freezing tolerance in Arabidopsis. Genes & Development, 2003 (17): 1043 ~ 1054.

[130] Bailey P C, Martin C, Toledo-Ortiz G, et al. Update on the basic helix -loop -helix transcription factor gene family in Arabidopsis thaliana. Plant Cell, 2003 (15): 2497 ~ 2502.

[131] Agarwal M. Hao Y J, Kapoor A, et al. Biological Chemistry, 2006, 281 (49): 36 ~ 376

[132] Lee B. Henderson DA, et al. Plant Cell, 2005, 17 (11): 3155 ~ 3175.

[133] Zhu J, Dong C H, Zhu J K. Interplay between cold-re-

sponsive gene regulation, metabolism and RNA processing during plant cold acclimation. Current Opinion in Plant Biology, 2007, 10 (3): 290 ~ 295.

[134] Uemura M A. Contrast of the plasma membrane lipid composition of oat and rye leaves in relation to freezing tolerance. Plant Physiol, 1994 (104): 479 ~ 496.

[135] GONG Z, Lee H, Xiong L, et al. RNA helicase-likeprotein as an early regulator of transcription factors for plant chilling and freezing tolerance. Proceedings National Academy Science, 2002 (99): 11507 ~ 11512.

[136] Gong Z, Dong C H, Lee H, et al. A DEAD box RNA helicase is essential for mRNA export and important for development and stress responses in Arabidopsis. Plant Cell, 2005 (17): 256 ~ 267.

[137] Suzuki I, Los D A, Kanesaki Y, et al. The pathway for perception and transcription of low-temperature signals in Synechocystis. EMBO Journal, 2000 (19): 1327 ~ 1334.

[138] Urao T, Yamaguchi-Shinozaki K, ShinozakiK. Two-component systems in plant signal transduction. Trends Plant Science, 2000 (5): 67 ~ 74.

[139] 章文华, 陈亚华, 刘友良. 钙在植物细胞盐胁迫信号转导中的作用. 植物生理学通讯, 2000 (36): 146 ~ 153.

[140] MONROY A F, Sarhan F, Dhindsa R S. Cold-induced change in freezing tolerance, protein phosphorylation, and gene expression. Plant Physiology, 1993 (102): 1127 ~ 1135.

[141] Mouroy A F, Dhindsa RS. Low-temperature signal transduction: induction of cold Acclimation-specific genes of alfalfa by calcium at 25℃. Plant cell, 1995 (7): 321 ~ 331.

［142］李卫，孙中海，章文才等．钙与钙调素对柑橘原生质体抗冻性的影响．植物生理学报，1997，23（3）：262～266.

［143］张勇，草葛．冷诱导转录因子 CBF 的克隆与结构分析及其抗寒特性研究．四川农业大学博士学位论文，2009.

［144］Monroy A F，Sarhan F，Dhindsa R S. Expression of small heat-shock proteins at low temperatures. A possible role in protecting against chilling injuries. Plant Physiol，1993，117（2）：651～658.

［145］李宗霆，周燮．植物激素及其免疫检测技术．南京：江苏科学技术出版社，1996.

［146］Rikin A，Atsmon D，Gitler C. Chilling injury in cotton（ *Gossypium hirsutum* L.）Prevention by abscisic acid. Plant Cell Physiol，1979，20（8）：1537～1546.

［147］（Bravo et al）. Bravo L A，Zuniga G E，Alberdi M，et al. The role of ABA in freezing tolerance and cold acclimation in barley. Fhysio／ogia Plcmtarum，1998，103（1）：17～23.

［148］Lang V，M ntyl E，Welin B，et al. Alterations in water status，endogenous abscisic acid content and expression ofrab18 gene during the development of freezing tolerance in Arabidopsis thaliana. Plant Physiol，1994（104）：1341～1349.

［149］AND M ntyl E，Lang V，Palva ET. Role of abscisic acid in drought-induced freezing tolerance cold acclimation and accumulation of LT178 and RAB18 proteins in Arabidopsis thaliana. Plant Physiol，1995（107）：141～148.

［150］王国莉．郭振飞．植物耐冷性分子机理的研究进展．植物学通报，2003，20（6）：671～679.

［151］Nuccio M L，Rhodes D，McNeil S D，et al. Metabolic engineering of plants for osmotic stress resistance. Current Opinion

Plant Biology, 1999 （2）: 128~134.

[152] Kocsy G, Galiba G, Brunold C. Role of glutathione in adaptation and signaling during chilling and cold acclimation in plants. Physiologium Plant, 2001 （113）: 158~164.

[153] Prasad T K, Anderson M D, Martin B A, et al. Evidence for chilling-induced oxidative stress in maize seedlings and a regulatory role for hydrogen peroxide. Plant Cell, 1994 （6）: 65~74.

[154] PRICE A H, Taylor A, Ripley S J, et al. Oxidative signals in tobacco increase cytosolic calcium. Plant Cell, 1994 （6）: 1301~1310.

[155] Xiong L, Karen S, Zhu J K. Cell signaling during cold, drought, and salt stress. Plant Cell, 2002 （supplement）: 165~183.

[156] Sheen J. $Ca^{2+}$-dependant protein kinases and stress signal transduction in plants. Science, 1996 （274）: 1900~1902.

[157] 夏金婵, 吕强, 郭梅芳等. 植物冷驯化相关信号机制. 中国生物化学与分子生物报, 2008, 24 （4）: 295~301.

[158] Dong C H, Agarwal M, Zhang Y, et al. The negative regulator of plant cold responses, HOS1, is a RING E3 ligase that mediates the ubiquitination and degradation of ICE1. Proceeding of the National Academy of Science of USA, 2006 （103）: 8281~8286.

[159] Lee H. The Arabidopsis HOS1 gene negatively regulates cold signal transduction andencodes a RING finger protein that displays cold-regulated nucleo-cytoplasmic partitioning. Genes Dev, 2001, 15 （7）: 912~924.

[160] Ishitani M, Xiong L, Lee H, et al. HOS1, a genetic

locus involved in cold -responsive gene in Arabidopsis. Plant Cell, 1998 (10): 1151 ~ 1161.

[161] Miura K, Jin J B, Lee J, et al. SIZ1-mediated sumoylation of ICE1 controls CBF3 / DREB1A expression and freezing tolerance in Arabidopsis. Plant Cell, 2007 (19): 1403 ~ 1414.

[162] Chinnusamy V, Zhu J H, Zhu J K. Cold stress regulation of gene expression in plants. Trends in Plant Science, 2007, 12 (10): 444 ~ 451.

[163] Novillo F, Alonso J M, Ecker J R, et al. CBF2 / DREB1C is a negative regulator of CBF1 / DREB1B and CBF3/ DREB1A expression and plays a central role in stress tolerance in Arabidopsis. Proceeding of the National Academy of Science of USA, 2004, 101 (11): 3985 ~ 3990.

[164] Zarka D G, Vogel J T, Cook D, et al. Cold induction of Arabidopsis CBF genes involves multiple ICE (inducer of CBF expression promoter elements and a cold-regulatory circuit that is desensitized by low temperature. Plant Physiology, 2003, 133 (2): 910 ~ 918.

[165] Busk P K, Pages M. Regulation of abscisic acid-induced transcription. Plant Molecular Biology, 1998 (37): 425 ~ 435.

[166] YAMAGUCHI-SHINOZAKI K, Shinozaki K. A novel cis-acting element in an Arabidopsis gene is involved in responsiveness to drought, low-temperature, or high-salt stress. Plant Cell, 1994 (6): 251 ~ 264.

[167] lshitani M. Xlong L, Stevenson B. et al. Genetic analysis of osmotic stress signal transduction in A rabidopsis; Interactions and convergence of abscisic acid-dependent and abscisic acidinde. pendent pathways. Plant Cell, 1997 (91): 1935 ~ 1949.

［168］Michael F T. Plant cold accliamtion: freezing tolerance genes and regulatory mechanisms. Annu Rev. Plant Physiol. Plant Mol. Biol, 1999 (50): 571～599

［169］Thomashow M F. Role of cold-responsive genes in plant freezing tolerance. Plant Physiol. 1998 (118): 1～8.

［170］Hsieh T H, Leej T, Yangp T, Chiul H, Heterology expression of the Arabidopsis C-repeat / dehydration response element binding Factor 1 gene confers elevated tolerance to chilling and oxidative stresses in transgenic tomato. Plant Physiology, 2002 (129): 1086～1094

［171］金万梅，董静，尹淑萍等. 冷诱导转录因子 CBF1 转化草莓及其抗寒性鉴定. 西北植物学报，2007，27（2）：223～227.

［172］韦善君，孙振元，巨关升. 冷诱导基因转录因子 CBF1 的组成型表达对植物的抗寒性及生长发育的影响. 核农学报，2005，19（6）：465～468

［173］郭惠明，李召春，张晗等. 棉花 CBF 基因的克隆及转基因烟草的抗寒性分析. 作物学报，2011，37（2）：286～293.

［174］Al-Abed D, Madasamy P, Talla R, et al. Genetic engineering of maize with the Arabidopsis DREB1A / CBF3 gene using split seed explants. Crop Science, 2007 (47): 2309～2402.

［175］Ito Y, Katsura K, Maruyama K, et al. Functional analysis of rice DREB1 / CBF-type transcription factors involved in cold-responsive gene expression in transgenic rice. Plant & Cell Physiology, 2006, 47 (1): 141～153.

［176］Wang X, Sun X, Liu S, et al. Molecular cloning and characterization of a novel ice gene from Capsella bursapastoris. Molecular Biology, 2005, 39 (1): 18~25.

[177] 林元震, 张志毅, 林善枝等. 运用基因组和 EST 数据库进行电子克隆分离杨树功能基因的策略. 分子植物育种, 2007, 5 (4): 583~587.

[178] Badawi M, Reddy Y V, Agharbaoui Z, et al. Structure and functional analysis of wheat ICE (inducer of CBF expression) genes. Plant & Cell Physiology, 2008, 49 (8): 1237~1249.

[179] 黄文功, 邓馨, 王丽丽等. 利用冷诱导表达 ICE1 载体提高烟草抗寒性. 中国烟草学报, 2008, 14 (5): 69~73.

[180] 高世庆, 陈明, 马有志等. rd29A 启动子在小麦幼胚愈伤组织中的活性研究. 作物学报, 2005, 31 (2): 150~153.

[181] 武维华. 植物生理学 (第二版). 北京: 科学出版社, 2008.

[182] Sharma O R. Nutrients and functional components in fruits and vegetables [EB/OL]. 2010-05-12. http: //www. ozscien

[183] 李道德. 果树栽培 (北方本). 北京: 中国农业出版社, 2001.

[184] 张玉星. 果树栽培学各论 (北方本). 北京: 中国农业出版社, 2003.

[185] 王力莹, 朱更瑞, 左阜元. 中国桃品种需冷量的研究. 园艺学报, 1997, 24 (2): 194~196.

[186] 许昌窠. 农业气象指标大全. 北京: 气象出版社, 2000.

[187] 王自坡, 钱银才, 朱永法等. 气象因素与桃授粉、受精和坐果的关系. 园艺学报, 1989, 16 (1): 11~16.

[188] 简令成. 40 年植物抗寒机理的细胞生物学研究的一个简单总结. 植物学通报, 1999 (16): 15~29.

［189］沈漫．植物抗寒机理研究进展．植物学通报，1997，14（2）：1～8.

［190］宋艳波，刘振宇，郭玉明．基于电镜观察及介质理论分析高压脉冲电场处理果蔬机理. 2012，26（1）：91～94.

［191］宋艳波，梅霞，吴国良等．核桃芽总 RNA 提取及 RT-PCR. 农学通报，2012（7）：25～28.

［192］Chen J B，Wang S M，Jing R L，Mao X G. Cloning of PvP5CS gene from conlnlon bean（*Phaseolus vulgaris*）and its response to abiotic stresses. J Plant physiol，2009（166）：12～16.

［193］Livak K J，Schmittgen T D. Analysis of relative gene expression data using real-time quantitative PCR and the 2-$\triangle\triangle$CT method. Methods，2001（25）：402～408.

［194］佟兆国，王富荣，章镇等．一种从果树成熟叶片提取 DNA 的方法．果树学报，2008，25（1）：122～125.

［195］何利刚．柑橘 CBF 类似基因低温胁迫下的表达与分析．博士学位论文，2010.

［196］Logeman J，Schell J，et al. Improved method for isolation of RNA from plant tissuses. Anal Biochem，1987（163）：16～20.

［197］严苗苗，魏光成，沙伟等．藓类植物提取方法研究. 广西植物，2008，28（3）：329～331.

［198］Ashraf M，Foolad M R. Roles of glycine betaine and praline in improving plant abiotic tress resistance. Environmental and Experimental Botany，2007，59（2）：206～216.

［199］Graham L A，Liou Y C，Walker V K，et al. Hyperactive antifreeze protein from beetles. Nature，1997，388（6644）：727～728.

［200］Kornyeyev D，Logan B A，Payton P，ct al. Enhancedphotochemical light utilization and decreased chilling-induced photoinhibition of photosystem Ⅱ in cotton overexpressing genes encoding chloroplast - targeted antioxidant enzymes. Physiol Plantarum, 2001, 113 (3): 323~331.

[201] Kaye C, Neven L, Hofig A, et al. Characterization of agene for spinach CAP160 and expression of two spinach cold -acclimation proteins in tobacco. Plant Physiology, 1998, 116: 1367~1377.

[202] Taji T, Ohsumi C, Iuchi S, et al. Important roles of drought and cold-induci ble genes for galactinol synthase instress tolerance in Arahidopsis thaliana. The Plant Journal, 2002, 29 (4): 417~426.

[203] Thom ashow M F. Molecular genetics of cold acclim ation in higher plants. Adv Genet, 1990 (28): 99~131.

[204] 杨家森, 张洪涛, 李新国等. 拟南芥 CBF 冷反应通路. 植物生理学通讯, 2006, 42 (1): 155~161.

[205] Chinnusamy V, Ohta M, Kanrar S, et al. ICEl: a regulator of cold-induced transcriptome and Freezing tolerance in Arabidopsis. Genes & Development, 2003: 1043~1054.

[206] Allen, R. D., Webb, R. P., and Schake, S. A. Use of transgenic plants to study antioxidant defenses. Free Radic. Biol. Med, 1997 (23), 473~479.

[207] Monhammad-Zaman Nouri, and Setsuko Kpmatsu, Subcellular protein overexpression to develop abiotic stress tolerant plants. Plant science, 21 January 2013 doi: 10. 3389/fpls. 2013. 00002.

[208] 杨淑慎, 高俊凤. 活性氧、自由基与植物的衰老. 西北植物学报, 2001, 21 (2): 215~220.

［209］王淑杰．果树抗寒生理研究进展．北方园艺，1998（5）：28～29.

［210］廖祥儒，朱新产．活性氧代谢和植物抗盐性．生命的化学，1996，16（6）：19～23.

［211］Pterson B D. Estim ation of hydrogen peroxide in plant extracts using titanium（IV）. Ana lB iochem，1984（139）：487～492.

［212］汤章城．植物对渗透和淹水胁迫的适应机理．植物生理与分子生物学（第 2 版）．北京：科学出版社，1999.

［213］蒋明义，荆家海，王韶唐．水分胁迫与植物膜脂过氧化．西北农业大学学报，1991，19（2）：88～94.

［214］张志良，瞿伟菁．植物生理学实验指导（第三版）．北京：高等教育出版社，2002.

［215］萧浪涛，王三根．植物生理学实验技术．北京：中国农业出版社，2005.

［216］陈毓荃．生物化学研究技术．北京：中国农业出版社，1995.

［217］中国科学院上海植物生理研究所．上海市植物生理学会．现代植物生理学实验指南．北京：科学出版社，1999.

［218］上海市植物生理学会．植物生理学实验手册．上海：上海科学技术出版社，1985.

［219］陈建勋，王晓峰．植物生理学实验指导（第二版）．广州：华南理工大学出版社，2006.

［220］张剑云．不同苜蓿品种中丙二醛含量与抗逆性关系的研究．黑龙江畜牧兽医，2008（8）：53～54.

［221］王红星，古红梅，周琳等．不同生长时期叶片中可溶性糖含量与抗寒性关系．周口师范学院学报，2003，20（5）：51～52.

［222］王淑杰，土家民，李亚东等．可溶性全蛋白、可溶性糖含量与葡萄抗寒性关系的研究．北方园艺，1996（2）：13～14.

［223］刘荣梅，李凤兰，胡国富等．低温胁迫转 CBF3 基因烟草生理生化响应．作物杂志，2010（3）：37～39.

［224］赵江涛，李晓蜂，李航等．可溶性糖在高等植物代谢调节中的生理作用．安徽农业科学，2006，34（24）：6423～6425，6427.

［225］郭惠明，李召春，张晗等．棉花 CBF 基因的克隆及其转基因烟草的抗寒性分析．作物学报，2011，37（2）：286～29.

［226］马瑞昆，贾秀领．冬小麦水分关系与节水高产．北京：中国农业科学技术出版社，2004.

［227］胡萍．棉花耐旱性生理指标探讨．中国棉花，1991，18（4）：12～13.

［228］张荣芝，卢建祥．旱地冬小麦抗旱性形态特征及生理特性的初步研究．河北农业大学学报，1991，14（2）：10～14.

［229］张金玲等．小麦对干旱的生理反应及抗性机理．国外农学——麦类作物，1994（5）：44～46.

［230］孙国荣，关炀，阎秀峰．盐胁迫对星星草幼苗保护酶系统的影响．草地学报，2001，9（1）：34～38.

［231］Richard D，Bliss K A，The msOn W W. Changes in plasmalemma Organizationin cowpea radicle during imbibition water and NaCl solution. J. Plant Cell and Environment，1984（7）：601～606.

［232］代红军，柯玉琴，潘廷国．NaCl 胁迫下甘薯苗期叶片活性氧代谢与甘薯耐盐性的关系．宁夏农学院学报，2001，22

(1): 15 ~ 18.

[233] 斯蒂芬. 帕拉帝著, 尹伟伦, 郑彩霞, 李凤兰等译, 木本植物生理学 (第三版), 北京: 科学出版社, 2011.

[234] Gilmour S J, Fowler S G, Thomashow M F. Arabidopsis transcriptional activators CBF1, CBF2, and CBF3 have matching functional activities. Plant Mol Biol, 2004 (54): 767 ~ 781.

[235] Vogel J T, Zarka D G, Van Buskirk H A, et al. Roles of the CBF2 and ZAT12 transcription factors in configuring the low temperature transcriptome of Arabidopsis. The Plant Journal, 2005, 41 (2): 195 ~ 211.

[236] Cook D, Fowler S, Fiehn O, et al. A prominent role for theCBF cold response pathway in configuring the low temperature metabolome of Arabidopsis. Proceeding of the National Academy of Science of USA, 2004 (101): 15243 ~ 15248.

[237] Kaplan F, Kopka J, Sung D Y, et al. Transcript and metabolitepro? ling during cold acclimation of Arabidopsis reveals anintricate relationship of cold-regulated gene expression withmodifications in metabolite content. Plant Joural, 2007 (50): 967 ~ 981.

[238] Usadel B, Blasing O E, Gibon Y, et al. Multilevel genomicanalysis of the response of transcripts, enzyme activities andmetabolites in Arabidopsis rosettes to a progressive decrease of temperature in the non-freezing range. Plant Cell & Environment, 2008, 31 (4): 518 ~ 547.

[239] Kasuga M, Uu Q, Miura T, et al. Nature Bioteehnology, 1999 (17): 287 ~ 291.

[240] 许明丽, 孙晓艳, 文江祁. 水杨酸对水分胁迫下小麦幼苗叶片膜损伤的保护作用. 植物生理学通讯, 2000, 36 (1): 35 ~ 36.

［241］张宪政．作物生理研究法．北京：农业出版社，1992．

［242］李合生．现代植物生理学．北京：高等教育出版社．2002．

［243］闫成仕．水分胁迫下植物叶片抗氧化系统的响应研究进展．烟台师范学院学报（自然科学版），2002，18（3）：220～225．

［244］周瑞莲，王刚．水分胁迫下豌豆保护酶活力变化及脯氨酸积累在其抗旱中的作用．草业科学，1997，6（4）：39～43．

［245］韩阳，王秋雨，韩光燮．植物叶片 SOD 活性分析及植物抗性等级的划分．辽宁大学学报，1995，21（2）：71～74．

［246］陈立松，刘星辉．水分胁迫下荔枝叶片过氧化物酶和 IAA 氧化酶活性的变化．武汉植物学研究，2002，20（2）：131～136．

［247］Roldan A，Diaz- Vivancos P，Hernandez J A，et al. Superoxide dismutase and total peroxidase activities in relation to drought recovery performance of mycorrhi zal shrub seedlings grown in an amended semiarid soil. Plant Physiology. 2008，65（7）：715～722．

［248］祁云枝，杜勇军．干旱胁迫下黄瓜及蚕豆叶片膜透性改变及其机理的初步研究．陕西农业科学，1997（4）：6～7．

［249］许东河，李东艳，程舜华．大豆超氧化物歧化酶 SOD 活性与其抗旱性关系研究．河北农业技术师范学院学报，1991，5（3）：1～3．

［250］吴志华，曾富华，马生健．水分胁迫下植物活性氧代谢研究进展．亚热带植物科学，2004，33（3）：77～80．

［251］王洪春．植物抗性生理研究的进展．植物生理学专题讲座．北京：科学出版社，1987.

［252］张小英．不同苜蓿品种对秋冬低温条件的生理适应性研究．内蒙古农业大学博士论文，2008.

［253］罗新义，冯昌军，李红．低温胁迫下肇东苜蓿 SOD、脯氨酸活性变化初报．中国草地，2004，26（26）：79～81.

［254］徐新宇．作物的抗旱能力和体内游离脯氨酸含量的关系．国外农业科技，1983（9）：19.

［255］赵琳，郎南军，温绍龙．云南干热河谷 4 种植物抗旱机理的研究．西部林业科学，2006，35（2）：9～15.

［256］陈京，周启贵，张启堂．PEG 处理对甘薯叶片渗透调节物质的影响．西南师范大学学报（自然科学版），1995（2）：73～78.

［257］李合生．植物生理生化实验原理和技术．北京：高等教育出版社，2000.

［258］肖万喜，邓兰英．柑橘抗寒力的生理生化分析．江西柑橘科技，1993（2）：21～23.

［259］Yelenosky G. Cold hardening young "Valencia" orange trees on "Swingle" citrumelo（CPB-4475）and other roctstocks. Proc. F la. State Hort. Sci，1976（89）：9～10.

［260］Yelenosky G. R. Young C. J.，Hearn，et al Cold hard iness of citrus trees during the 1981 freeze in Florids. Proc. Fla. StateHort. Sci，1981（94）：46～51.

［261］Ehdaie B，Alloush G A，Madore M A，Waines J G. Genotypic variation for stem reserves and mobilization in wheat：Ⅰ. postanthesis changes in internode dry matter. Crop Sci. 2006（46）：735～746.

［262］Van Herwaarden A F，Richards R A，Farquhar G D，

Angus J F. 'Haying-off', the negative grain yield response of dryland wheat to nitrogen fertiliser: III. The influence of water deficit and heat shock. Aust JAgric Res, 1998 (49): 1095 ~ 1110.

[263] Plaut Z, Butow B J, Blumenthal C S, Wrigley C W. Transport of dry matter into developing wheat kernels and its contribution to grain yield under post-anthesiswater deficit and elevated temperature. Field Crops Res, 2004 (86): 185 ~ 198.

[264] 王玮, 邹奇. 作物抗旱生理生态研究. 济南: 山东科学技术出版社, 1994.

[265] 李德全. 土壤干旱下不同抗旱性小麦品种的渗透调节和渗透调节物质. 植物生理学报, 1992, 18 (2): 37 ~ 44.

[266] 王霞, 侯平, 尹林克等. 水分胁迫对柽柳植物可溶性物质的影响. 干旱区研究, 1990, 16 (2): 6 ~ 11.

[267] 张美云, 钱吉, 郑师章. 渗透胁迫下野生大豆游离脯氨酸和可溶性糖的变化. 复旦大学学报 (自然科学版), 2001, 40 (5): 558 ~ 561.

[268] 康国章, 孙谷畴, 王正询. 植物冷响应基因调控和冷信号转导. 植物生理学通讯, 2003, 39 (6): 711 ~ 714.

[269] 杨芳芳, 张国斌, 颉建明等. 6-BA 预处理对低温弱光胁迫下辣椒幼苗叶绿素 α 荧光参数和膜脂过氧化的影响. 植物生理学通讯, 2009, 45 (6): 575 ~ 578.

[270] 王建华, 刘鸿先, 徐同. 超氧物歧化酶 (SOD) 在植物逆境和衰老生理作用. 植物生理学通讯, 1989, 25 (1): 1 ~ 7

[271] LarkindaleJ, Huang B. Thermo- tolerance and antioxidant systems in A grostis stoloifera: involvement of salicylic acid, abscisic acid, calcium, hydrogen peroxide, and ethylene. J Plant Physiol, 2004 (161): 405 ~ 413.

# 附　　录

## 附录一　本实验所需培养基的配方

### （一）MS 培养基

| 基本成分 | 成分 | 含量（g） | |
|---|---|---|---|
| 大量元素（10×） | $NH_4NO_3$ | 16.5 | |
| | $KNO_3$ | 19 | |
| | $KH_2PO_4$ | 1.7 | 用 $ddH_2O$ 定容至 1L |
| | $MgSO_4 \cdot 7H_2O$ | 3.7 | |
| | $CaCl_2$ | 3.313 | |
| 微量元素（100×） | KI | 0.083 | |
| | $H_3BO_3$ | 0.62 | |
| | $MnSO_4 \cdot 7H_2O$ | 2.23 | |
| | $ZnSO_4 \cdot 7H_2O$ | 0.86 | 用 $ddH_2O$ 定容至 1L |
| | $Na_2MoO_4 \cdot 2H_2O$ | 0.025 | |
| | $CuSO_4 \cdot 5H_2O$ | 0.0025 | |
| | $CoCl_2 \cdot 7H_2O$ | 0.0025 | |
| 铁盐（100×） | $FeSO_4 \cdot 7H_2O$ | 2.78 | 70℃温育 2h，用 $ddH_2O$ |
| | $Na_2EDTA$ | 3.73 | 定容至 1L，4℃贮存 |
| 有机成分（100×） | Nicotinic acid | 0.1 | |
| | Pyridoxine HCl（$VB_6$） | 0.1 | |
| | Thiamine HCl（$VB_1$） | 0.1 | 用 $ddH_2O$ 定容至 1L，4℃贮存 |
| | Glycine | 0.2 | |
| | Inositol | 10 | |

## （二）LB 培养基

| 基本成分 | 含量（g） | |
|---|---|---|
| 胰化蛋白胨 | 10 | |
| 酵母提取物 | 5 | 用 ddH$_2$O 定容至 1L，pH 值至 7.0，固体培养基另加 15g 琼脂粉 |
| NaCl | 5 | |

## （三）YEB 培养基

| 基本成分 | 含量（g） | |
|---|---|---|
| 牛肉浸膏 | 5 | |
| 酵母提取物 | 1 | |
| 蛋白胨 | 5 | 用 ddH$_2$O 定容至 1L，pH 值至 7.0，固体培养基另加 15g 琼脂粉 |
| 蔗糖 | 5 | |
| MgSO$_4$ · 7H$_2$O | 4 | |

# 附录二 试验中所用的引物及序列

| 编号 | 碱基序列 | 用途 |
|------|----------|------|
| S001PpCBFf0 | GTTTCTAACTACAAAATCCACCTTTCC | 克隆 |
| S002PpCBFr0 | GAAGTACAAAATTTAACAATTTCTCACAAC | 894bp |
| S003PpICEf0 | CCCCACTCCCTCCTTAAACAG | 克隆 |
| S004PpICEr0 | CCTTTTCATTTTGCACCTCTTGTT | |
| S005PpCBFf1 | AGATCTCCAGTGATTCGAGCTCGG | 过表达载体构建 |
| S006PpCBFr1 | GGTGACCGAAGTACAAAATTTAACAATTTCTCACAACACATAA | |
| S007PpICEf1 | GGTACCCCACTCCCTCCTTAAACAGTGT | 过表达载体构建 |
| S008PpICEr1 | GAGCTCTTGTAAGCAGCCCTTTTCATT | |
| S009PpCBFf2 | GAATTCATGGATGGTTTTTGTCCT | 酵母单杂交 |
| S010PpCBFr2 | ACTAGTTTAAATCGAATAACTCCAT | 702 bp |
| S011PpCBF | GGATCCCCGACCCGACCCGACCCGACCCGACTCTAGA | 酵母单杂交 |
| S013PpICEf2 | GATTGCTGCTGTCAACAGTGAA | 荧光定量分析 |
| S014PpICEr2 | ACAAACATCTTCCTCCATACCCT | |
| S015PpCBFf3 | TCCTGCTGGCGTCCACTTAT | 荧光定量分析 |
| S016PpCBFr3 | GAATATCCTTGGCGTTTGCTG | 293bp |
| S017NtERD10Bf1 | AATCCCATTCGTCAAACCGAC | 定量分析 |
| S018NtERD10Br1 | TTCCCCACCAAGTATGCCAGT | |
| S019NtFADf1 | CTGTGGAGTAGAAGCCCTGGAA | 定量分析 |
| S020NtFADr1 | AAGGACCCATCACAAAGGACAA | |
| S021NtACTINf1 | ATCGCTGATAGAATGAGCAAAGAAA | 定量分析 |
| S022NtACTINr1 | CAAGATAGAACCTCCAATCCAGACAC | |

# 附录三　pCMBLA3301.CBF 表达载体的构建图谱

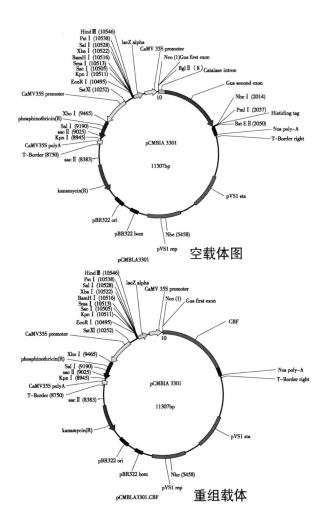

pCMBLA3301

空载体图

pCMBLA3301.CBF

重组载体

# 附录四 UN.ICE 表达载体的构建图谱

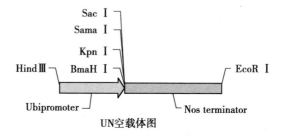

UN空载体图

UN.ICE重组载体图

# 附录五　转基因烟草转化过程

# 附录六 冷胁迫下转 CBF 基因植株与非转基因植株的表型变化

冷处理第6h (CK-3)
Cold treatment 6th hour CK-3

冷处理第6h (5-5)
Cold treatment 6th hour 5-5

冷处理第14h (左起 5-5,CK-3)
Cold treatment 14th hour (from left 5-5,CK-3)

冷处理第14h (左起 5-5,CK-3)
Cold treatment 14th hour (from left 5-5,CK-3)

冷处理第2d (左起 5-5,CK-3)
Cold treatment 2th day (from left 5-5,CK-3)

冷处理恢复后5d (左起 CK-3和5-5)
Cold treatment 5th day (from left 5-5,CK-3)

## 附录七　干旱胁迫下转 CBF 基因植株与非转基因植株的表型变化

干旱处理第7天（左起 CK-1，5-1）
The 7th day of drought treatment
（from left CK-1,5-1）

干旱处理第7天（左起 CK-2，5-1）
The 7th day of drought treatment
（from left CK-2,5-1）

干旱处理第7天（左起 5-2，CK-2）
The 7th day of drought treatment
（from left 5-2,CK-1）

干旱处理第8天（左起 5-1，CK-1）
The 7th day of drought treatment
（from left 5-1,CK-1）

干旱处理第8天（左起 5-2，CK-2）
The 7th day of drought treatment
（from left 5-2,CK-2）

# 缩略词表

| ABA | Abscisic acid | 脱落酸 |
| --- | --- | --- |
| ABRE | ABA-responsive element | ABA 应答元件 |
| AFP | antifreezeprotein | 抗冻蛋白 |
| APX | Ascorbate peroxidase | 抗坏血酸过氧化物酶 |
| AP2 | Apetala2 DNA binding domain trqanscription factor | 含 Apetala2 DNA 结合域的转录因子 |
| BD | DNAbinding domain | DNA 结合区 |
| bHLH | basic helix-loop-helix | 碱性-螺旋-环-螺旋 |
| bp | base pair | 碱基对 |
| bZIT | Basic leucine zipper | 亮氨基酸拉链转录因子 |
| CaMV | cauliflower mosaicvirus | 花椰菜花叶病毒 |
| CAT | peroxide | 过氧化氢 |
| CBF | CRT/DRE binding factor | CBF/DRE 结合因子 |
| CBFl | CRT/DRE binding factor | CBF/DRE 结合因子 1 |
| COR | cold regulated gene | 冷诱导基因 |
| CRT/DRE | C-repeat/Drought responsive element | C 重复/脱水应答元件 |
| dNTP | four deoxynucleotide triphosphates | 四种脱氧核苷三磷酸 |
| DRE | dehydration-responsive element | 脱水响应元件 |
| DREBs | dehydration responsive element binding | 脱水反应元件结合 |
| EREBP | ethylene-responsive element binding protein | 烟草乙烯应答元件结合蛋白 |
| FDA | fatty acid desamration | 脂肪酸去饱和 |
| GSH | glutathione | 谷胱甘肽 |

| ABA | Abscisic acid | 脱落酸 |
| --- | --- | --- |
| HOS | highexpression of osmoticstress-regulated gene expression | 渗透胁迫高表达蛋白 |
| ICE | inducer of CBF expression | 表达诱导物 |
| IP3 | Inositol-1，4，5-trisphosphate | 肌醇三磷酸 |
| kDa | Kilodalton | 千道尔顿 |
| KIN | Cold-induced gene | 冷诱导基因 |
| LB | Luria-Bertani | LB 培养基 |
| LEA | Late-embryogenesis abundant | 后期胚胎富集 |
| LOS | lowexpression of osmotically responsive gene | 渗透胁迫低表达蛋白 |
| MDA | malonaldehyde | 丙二醛 |
| NLS | nuclear localization signal | 核定位信号区 |
| OD | optical density | 光密度 |
| PCR | Polymerase Chain Reaction | 聚合酶链式反应 |
| POD | peroxydase | 过氧化物酶 |
| SOD | Superoxide Dismutase | 氧化物歧化酶 |
| SPS | sucrose phosphate synthase | 蔗糖磷酸合酶 |
| SUMO | small ubiquitin-related modifier | 类泛素蛋白 |
| SuSy | sucrose synthase | 蔗糖合酶 |
| TFs | Transcription factors | 转录因子 |